农业科学系列丛书

双季玉米体系周年产量形成与气候资源高效利用机制研究

王 丹 著

黑龍江大學出版社
HEILONGJIANG UNIVERSITY PRESS
哈尔滨

图书在版编目（CIP）数据

双季玉米体系周年产量形成与气候资源高效利用机制研究 / 王丹著. -- 哈尔滨 : 黑龙江大学出版社, 2021.3

ISBN 978-7-5686-0623-3

Ⅰ. ①双… Ⅱ. ①王… Ⅲ. ①玉米—种植制度—研究 Ⅳ. ①S513.047

中国版本图书馆 CIP 数据核字 (2021) 第 061011 号

双季玉米体系周年产量形成与气候资源高效利用机制研究
SHUANGJI YUMI TIXI ZHOUNIAN CHANLIANG XINGCHENG YU QIHOU ZIYUAN GAOXIAO LIYONG JIZHI YANJIU
王　丹　著

责任编辑　于晓菁
出版发行　黑龙江大学出版社
地　　址　哈尔滨市南岗区学府三道街 36 号
印　　刷　哈尔滨市石桥印务有限公司
开　　本　720 毫米 ×1000 毫米　1/16
印　　张　13.25
字　　数　210 千
版　　次　2021 年 3 月第 1 版
印　　次　2021 年 3 月第 1 次印刷
书　　号　ISBN 978-7-5686-0623-3
定　　价　42.00 元

前　言

受气候条件和生产条件变化的影响，我国两熟及多熟生态区种植模式单一，传统种植模式周年光（光能）、温（有效积温）、水（降水）资源配置不合理，资源浪费严重，抗灾能力弱，导致我国粮食周年籽粒产量（简称“周年产量”）及资源利用效率下降。近年来，我国以充分发挥 C4 玉米的高光效优势为核心，在黄淮海平原（华北平原）和长江中游地区建立了双季玉米、春玉米－晚稻、早稻－秋玉米等新型高产高效（高资源利用效率）种植模式。但是，两季品种筛选依据科学性不足、季间品种搭配不合理等限制了双季玉米种植模式（双季玉米体系）周年产量和资源利用效率的提高。本书从品种季间生态适应性出发，筛选适宜黄淮海平原、长江中游地区双季玉米体系的品种类别及两季品种类别搭配模式（简称“搭配模式”），进而研究不同搭配模式的周年产量形成和气候资源配置、利用特征，以及周年产量与气候资源等生态资源的定量匹配关系，揭示建立双季玉米体系的生理、生态机制，以及种植密度等对双季玉米体系周年产量形成的调控效应，主要研究结果如下。

（1）本书明确了黄淮海平原、长江中游地区双季玉米体系高产高效搭配模式及季间品种选择的差异性。黄淮海平原双季玉米体系第一季、第二季品种的有效积温分别为 1 233 ~ 1 584 ℃、1 218 ~ 1 431 ℃，适宜的搭配模式为低有效积温型－高有效积温型（LH）、中有效积温型－中有效积温型（MM）和高有效积温型－低有效积温型（HL）；长江中游地区双季玉米体系第一季、第二季品种的有效积温分别为 1 231 ~ 1 520 ℃、1 260 ~ 1 506 ℃，适宜的搭配模式为低有效积温型－高有效积温型（LH）、中有效积温型－中有效积温型（MM）、中有效积温型－高有效积温型（MH）和高有效积温型－中有效积温型（HM）。

(2)本书明确了黄淮海平原、长江中游地区双季玉米体系高产高效搭配模式季间资源优化配置、利用特征及区域间的差异性。黄淮海平原双季玉米体系高产高效搭配模式(LH)两季的有效积温分配率分别为48%(第一季)、52%(第二季),两季比为0.9,两季有效积温偏第二季分配;长江中游地区双季玉米体系高产高效搭配模式(HM)两季的有效积温分配率分别为52%(第一季)、48%(第二季),两季比为1.1,两季有效积温偏第一季分配。依据以上指标,可根据搭配模式调配季间光、温、水资源,合理制定两季的最佳资源配置方案。充分挖掘区域光、温、水资源,发挥C4玉米的高光效、高物质生产能力等性能,是提高黄淮海平原和长江中游地区双季玉米体系周年产量的关键。

(3)本书明确了周年产量形成与生态因子的定量关系。两季玉米的干物质积累量是影响周年产量的主要因素。黄淮海平原双季玉米体系第一季的干物质积累量无显著差异,第二季干物质积累量的差异导致周年干物质积累量存在差异。温度是影响两季玉米干物质积累量和产量的主要生态因子,第二季玉米花前有效积温达1 040 ℃、花后有效积温达660 ℃时,干物质积累量最大。温度和降水是影响长江中游地区两季玉米干物质积累量与产量的主要生态因子。第一季玉米花前有效积温、日均温、日均高温、日均低温分别达762.2 ℃、18.5 ℃、23.3 ℃、14.4 ℃时,干物质积累量最大;花后有效积温、日均温、日均高温、日均低温分别达832.3 ℃、28.1 ℃、31.7 ℃、24.3 ℃时,干物质积累量最大。第二季玉米花前有效积温、日均温、日均高温、日均低温分别达948.9 ℃、28.6 ℃、32.5 ℃、24.6 ℃时,干物质积累量最大;花后有效积温、日均温、日均高温、日均低温、降水量分别达659.6 ℃、21.8 ℃、26.7 ℃、16.9 ℃、82.9 mm时,干物质积累量最大。

(4)由种植密度对双季玉米体系周年产量形成的调控效应可知,对于黄淮海平原和长江中游地区双季玉米体系高产高效搭配模式(LH和HM),第一季可适当增大种植密度(9.75×10^4株·ha^{-1}左右),第二季可适当减小种植密度(6.75×10^4株·ha^{-1}左右),使产量和干物质积累量达到最大。可见,两季采用合理的种植密度可实现双季玉米体系周年产量和资源利用效率的同步提高。

在适宜的种植密度下，与 MM、HL 相比，黄淮海平原双季玉米体系高产高效搭配模式（LH）的周年产量分别提高 13%、28%；与 LH、MM、MH 相比，长江中游地区双季玉米体系高产高效搭配模式（HM）的周年产量分别提高 47%、28%、30%。

王丹

2021 年 2 月

目　录

第一章　绪论

全球气候变暖、人口持续增长、粮食供应需求不断提高、耕地面积减少、粮食生产安全受到威胁等是目前全球较为关注的几大问题。为确保粮食供应，预计到2030年，我国的粮食产量需提高40%。气候变暖导致光、温、水资源分布特征发生改变，高温热害天数增多，使作物成熟期延后且每季作物的生育期缩短，造成在现有的生产水平和种植品种、种植模式不变的前提下，我国粮食产量降幅较大，严重危害我国粮食生产安全。为应对气候变暖，在原有种植面积不变的前提下，需大幅提高粮食单产，以保证我国的粮食生产安全。黄淮海平原和长江中游地区是典型的两熟及多熟生态区，是我国重要的粮食产区，在保障我国粮食生产安全方面起到举足轻重的作用。

近年来，受气候变化的影响，黄淮海平原出现持续高温、干旱和日照时数减少等现象，导致冬小麦－夏玉米种植模式季间及季内的资源配置不合理，造成作物生长发育与光、温、水资源分布的匹配度降低，进而影响作物周年产量和资源利用效率的提高。在传统的种植模式下，气候变暖导致黄淮海平原冬小麦在苗期生长过旺，提前进入孕穗、拔节期，使其遭受冻害的风险增加，产量下降；夏玉米过早进入收获期，籽粒灌浆未完全结束，严重影响粒重，减产严重。近年来，华北地区降水量减少，黄淮海平原地下水开采过度，水资源匮乏，在很大程度上影响我国粮食生产安全。

长江中游地区水稻种植也面临很多问题。例如，气温升高导致水稻生育期缩短；光、温、水资源配置不合理导致水稻产量下降；极端天气（如早稻花期高温、晚稻寒露风等）频发，进一步制约双季稻产量的提高；季节性干旱引起的水资源短缺制约双季稻的种植和发展。另外，近年来，由于种植双季稻的劳动强度大，而且城市化进程的推进导致劳动力短缺、种粮效益下降等，因此双季稻种植面积逐年减小，单季稻种植面积逐年增大，浪费了许多光、温资源，降低了土地利用效率。

在黄淮海平原和长江中游地区传统种植模式的基础上探索新型种植模式，是挖掘两熟及多熟生态区周年产量潜力、提高资源利用效率、实现两地区作物稳产及增产的关键。C4 玉米具有产量高、光效高、水分利用效率高、生产成本低等特点，增产潜力大。近年来，在黄淮海平原和长江中游地区等热量资源充沛的区域，广大学者开始探索以 C4 玉米为核心的高产高效的双季玉米、春玉米－晚稻等种植模式。其中，双季玉米体系的建立对我国两熟及多熟生态区周年产量、资源利用效率的进一步提高和种植结构的调整提供了思路。但是，以往的研究多以当地优势玉米品种为试验材料，品种单一，局限性大，限制了双季玉米体系的推广和周年产量的提高。因此，在气候变化的大背景下，如何通过创新作物种植模式和改进农业技术措施，在最大限度地提高光、温资源利用效率的同时实现作物稳产、增产，是我国两熟及多熟生态区农业生产面临的重要问题。双季玉米体系的建立主要取决于品种的生态适应性和相应栽培措施的调控，但目前不同生态区双季玉米体系的适宜搭配模式及其生理、生态机制尚不明确，限制了双季玉米体系周年产量和资源利用效率的进一步提高。

如何进行品种选择与季间品种搭配以优化资源配置，提高资源利用效率，以及如何改进栽培措施，提高季内干物质积累量与产量等，是目前亟待解决的问题。本书研究两季不同环境条件下各品种的生态适应性，对不同生态区的品种进行类别划分；明确不同搭配模式两季的资源配置与利用特征，优化双季玉米体系资源配置，建立最佳的双季玉米季间资源配置体系；研究种植密度对双季玉米体系干物质积累量及产量形成的调控效应，以及产量形成与气候资源的相关性，解析两季玉米产量存在差异的原因，明确影响区域间产量形成的生态因子；构建区域间双季玉米高产高效栽培技术体系，为最大限度地挖掘黄淮海平原和长江中游地区双季玉米体系的周年产量潜力、提高其资源利用效率、增强其应对气候变化的能力提供理论依据与技术支持。

第一节 国内外研究现状

有研究表明,全球气候正在经历以变暖为主的剧烈变化。1880～2012 年,全球地表平均温度大约升高了 0.85 ℃。我国气候变化趋势与全球气候变化趋势一致。农业是受气候条件变化影响最大的行业之一,如气温升高对传统农业生产的区域布局、种植结构、粮食产量等均会造成不利影响,使农业生产的不稳定性增强。有研究表明,近年来,日照时数呈显著减少趋势,影响作物收获指数,进而影响粮食产量的提高。另外,我国华北地区高温热害、干热风等发生的频率增大,长江中游地区和黄淮海平原南部频发阴雨及强降雨天气,严重威胁粮食生产安全。

一、气候条件变化对农业生产的影响

农业生产在很大程度上受到气候条件变化的影响,尤其是对于粮食生产而言,气候条件变化会限制粮食作物的空间布局和产量提高。有研究者表明,随着气候的变暖,作物的生长期延长,表现为气温每升高 1 ℃,不同生态区作物的生长期延长 4～16 d。气温每升高 1 ℃,美国玉米带的玉米产量约下降 17%。在我国,针对不同地区、不同作物的相关研究也得出了相似的结果:有研究者通过构建气候与水稻产量的模型进行模拟分析,发现最低气温每升高 1 ℃,水稻产量下降 10%。在黄淮海平原,春季增温会降低小麦产量,夏季高温天数增加会抑制作物的生长,同样会使作物减产。在华北地区,气候变暖会导致玉米营养生长期变短,玉米光合作用的时间缩短,影响干物质积累,最终导致产量下降。对大豆、小麦等作物的研究也表明,高温胁迫引起的热害会对作物的种植和产量造成显著的影响。

近年来,我国年均降水量无明显差异,但区域性差异及年际差异较大。华北及西北东部、东北南部等地区的年均降水量出现下降趋势,其中黄河、海河、辽河、淮河流域年均降水量的降幅最大,减少 50～120 mm;长江中游地区的年均降水量呈显著上升趋势;其他地区的年均降水量略有上升或明显上升。有研究表明，小麦不同生长发育阶段降水量的变化造成的影响不同，如生长发育前期降水量增加有助于产量的提高，但生长发育后期降水量增加会使其产量降低。

另外，高温会使病虫害的发生频率、分布、延续时间等发生明显的变化。随着气温的升高，害虫的生长发育、存活、迁移等会发生明显的变化，使病虫害的分布范围及发生频率增大。有研究表明，冬季气温升高，小麦吸浆虫害发生频率增大，使小麦条锈菌越冬能力增强，导致小麦赤霉病和根腐病的发生频率增大。

二、应对气候条件变化的种植模式的研究与发展

气候条件变化直接影响农业生产的布局与产量，也推进我国相应种植模式的改变和种植结构的调整。有学者通过系统分析研究气候条件变化对我国种植模式的影响，研究结果表明，基于气温上升的累积效应，我国绝大部分地区（如南方麦稻两熟区、双季稻区和一年三熟地区）的种植北界有不同程度的北移。

（一）气候条件变化对黄淮海平原种植模式的影响

1. 黄淮海平原种植模式的演变

黄淮海平原具有明显的暖温带大陆性气候特征，夏季炎热、多雨，冬季寒冷、干燥，气候资源分布不均匀，年≥10 ℃有效积温为 3 600～4 900 ℃，年累计日照时数为 2 300～2 800 h，年降水量为 600～800 mm。为了使作物物候期与气候特征相适应，充分利用光、温、水资源，提高资源利用效率和周年产量，黄淮海平原的种植模式发生了一系列变化。20 世纪 50 年代，该地区以小麦、玉米、高粱等作物为粮食生产主体，种植模式为一年一熟或两年三熟。20 世纪 60～70 年代，该地区的作物种植模式从一年一熟过渡为一年两熟的冬小麦－夏玉米生产体系，其中小麦的种植面积约占全国的 60%，产量约占全国的 50%，玉米的种植面积约占全国的 36%，产量约占全国的 40%。过去几十年来，随着农业栽培技术的发展与应用，以及种植业结构的优化调整，我国农业生产从单纯地追

求产量逐渐过渡到注重质量和效益的提升,对新型种植模式的探索以“高产、优质、高效”为主要目标,所以冬小麦－夏玉米“双晚技术”、双季玉米体系等相继出现。

研究表明,气候条件变化将直接影响我国的农业生产和可持续发展,如果不采取有效的应对措施,预计到2030年,我国种植业生产能力总体上可能会降低5%~10%,进而影响我国的粮食生产安全。有研究表明,预计到2100年,我国单季种植模式仅占4.8%,双季种植模式占20.2%,三季种植模式占75%。

2. 气候变暖对当前冬小麦－夏玉米种植模式的影响

有研究表明,随着气温的升高,作物的生育期普遍缩短,表现为:气温每升高1 ℃,冬小麦的生育期缩短17 d左右,产量降低10%~12%;夏玉米的生育期缩短7 d左右,产量降低5%~6%。2000~2014年,黄淮海平原冬小麦返青期整体呈提前趋势,河南省、山东省分别提前0.76 d/a、0.91 d/a。如果按照传统的种植模式进行种植,则种植冬小麦的收益会下降,其产量难以得到大幅提高,从而会使周年产量不稳定。同时,由于极端天气出现频率增大,冬小麦生育期内低温、冬旱和春旱频发,夏玉米苗期和授粉结实期易受极端高温、干旱或阴雨寡照的影响,因此传统的冬小麦－夏玉米种植模式减产风险增大。种植模式与光、温、水资源分布特征不匹配(光、温、水资源条件限制作物生产)是黄淮海平原种植模式当前面临的最严重的问题,因此如何实现对光、温、水资源的有效利用是黄淮海平原农业生产面临的重要挑战。

3. 新型高产高效种植模式的探索

如何在黄淮海平原传统种植模式的基础上探索新型种植模式,如何提高其周年产量和资源利用效率,引起了相关学者的广泛关注。有学者认为,黄淮海平原提高周年产量和资源利用效率的重要途径有可能是充分发挥C4玉米的高光效、高物质生产能力等优势,并提出了双季玉米体系。王美云在北京(一年两熟地区的北缘)对玉米地膜加套种的双作高产技术模式进行探索,结果表明,双季青贮玉米种植模式的周年干物质生产率显著高于冬小麦－夏玉米种植模式,光、温、水生产效率(用来衡量光、温、水资源利用效率)分别提高了12.5%、22.5%、36.3%。周宝元等人在河南新乡对冬小麦－夏玉米种植模式和双季玉米体系的周年产量及光、温资源利用效率进行比较研究，结果表明，与传统的冬小麦－夏玉米种植模式相比，双季玉米体系周年产量的平均增幅为9.2%，光、温生产效率和光能利用效率的平均增幅分别为30.5%、15.6%、30.3%。同时，双季玉米体系第一季的播种时间为3月中下旬，第二季的收获时间为11月上旬，两季生育期为230 d左右，冬季的空闲期为140 d左右，可有效地避开冬季不利天气的影响（如避开冻害和干旱等），有利于土壤休整。可见，双季玉米体系可以充分发挥C4玉米的优势，有效地应对气候条件变化，且可获得较好的收益，可以提高玉米的周年产量和光、温资源利用效率，可作为传统种植模式的有益补充，推广前景广阔。

（二）长江中游地区种植模式的研究与发展

长江中游地区具有明显的亚热带季风性气候特征，属于两熟及多熟生态区，气温较高，降水充沛，雨热同季，适合作物生长的时间达220～360 d，年≥0 ℃有效积温为4 700～7 000 ℃，年降水量达1 260～1 870 mm，是我国重要的种植业优势区。长江中游地区是我国的水稻主产区，水稻面积占主产区粮食作物总面积的75%以上。

1. 长江中游地区种植模式的演变

随着气候条件的变化和农业生产的发展，长江中游地区的农业种植结构也在不断地调整。从20世纪50年代开始，为了实现粮食产量的大幅提高及土地利用效率的最大化，长江中游地区先后将一熟改为两熟、将间作复种改为连作、将两熟改为三熟等，双季稻为该地区主要的作物种植模式。20世纪90年代至20世纪末，从稻田的生态、经济、社会效益等角度出发，我国开始探索以水稻种植为主、以粮－经－饲－肥－菜等为辅的多种复种模式。可见，随着气候条件、消费结构的变化和农业政策的出台等，长江中游地区农业种植结构产生了一系列变化。

2. 气候变暖对当前双季稻种植模式的影响

21世纪以来，随着全球气候条件的不断变化，长江中游双季稻区季节性干旱等问题频发，水资源短缺进一步限制了双季稻产量的提高，其中受气候条件变化影响较大的是早稻。随着城市化进程的推进,农村劳动力不断转移,农业用工成本不断增加,我国水稻种植特别是双季稻种植的收益下降,种植面积减小,部分地区的作物种植模式由两季改为一季,浪费了许多光、温资源,降低了土地利用效率。同时,气候变暖导致害虫的死亡率降低,农业病虫害发生率升高,严重影响长江中游地区水稻生产结构的稳定性。

3. 新型高产高效种植模式的探索

从20世纪80年代开始,我国长江中游地区在麦-稻两熟制的基础上将玉米引入稻田,逐步形成麦/玉米-水稻种植模式,将粮-经-饲结合,实现多元化种植。该种植模式比传统的麦-稻两熟制种植模式增产17.69%~55.69%,可以显著提高土地生产效率。玉米秸秆还田还可以提高土壤的有机质含量。同时,该种植模式可以有效地改善土壤的理化性质并促进土壤养分转化。长江中游地区光、温、水资源丰富,周年光、温、水资源配置有利于玉米生产,稻田中玉米的种植面积不断扩大,产量逐渐提高。

近年来,随着畜牧业饲料消费和玉米深加工产业的发展,长江流域对玉米的多元化需求不断增加,玉米消费量持续增长,而当地的玉米生产量不能满足该地区的需求,这种产需矛盾就造成了"北玉南运"的玉米产业格局。因此,在长江中游地区建立新的作物种植模式,革新玉米生产体系,可有效地提高该地区的光、温、水资源利用效率,并解决当地玉米紧缺的问题。

雷恩对玉-稻、双季玉米、双季稻种植模式的研究表明,双季玉米体系周年产量比双季稻高出22.1%。李小勇等人对春玉米-晚稻、双季稻、双季玉米、早稻-秋玉米4种种植模式进行比较研究,结果表明,双季玉米体系周年产量显著高于双季稻。李明学等人在武陵山区对双季玉米的生长特征及气候适应性进行分析,验证了双季玉米体系在湖南地区的可行性。李淑娅对春玉米-晚稻、双季稻、双季玉米、早稻-秋玉米4种种植模式的产量和资源利用效率进行比较,发现双季玉米体系的周年产量和生物量显著高于双季稻,平均增幅分别为13.5%和17.1%,光能生产效率、光能利用效率、有效积温生产效率、水分利用效率分别比双季稻提高8.1%、26.1%、11.4%、88.8%。

三、双季玉米体系的优势及推广限制因素

与 C3 作物相比，C4 作物具有高光效、高水分利用效率、高肥料利用效率等优点，具有较高的产量潜力，因此在不同种植模式的基础上引入 C4 玉米，构建以 C4 玉米为核心的高产高效种植模式，引起了广大学者的关注。付雪丽等人研究针对冬小麦－夏玉米的“双晚技术”，即推迟冬小麦的播期和夏玉米的收获期(将冬小麦的播期、夏玉米的收获期分别推迟到 10 月中旬、9 月底)，有效地调节两季的光、温资源配置，将小麦的季冗余资源分配给玉米，充分发挥 C4 玉米的高光效、高物质生产能力等优势，实现周年高产高效。

对多熟集约种植模式的比较研究表明，冬小麦－春玉米－夏玉米和冬小麦－春玉米－夏玉米－秋玉米等模式均具有较高的产量潜力，资源利用效率高，其周年产量可突破 18 000 $kg \cdot ha^{-1}$。虽然集约种植模式能够提高作物的周年产量和资源利用效率，但难以进行机械化操作，在农业技术欠发达地区不适宜大面积推广。因此，针对黄淮海平原、长江中游地区气候条件及生产条件的变化，不能仅在种植模式内部做局部的调整，还应考虑种植模式的创新，为我国两熟及多熟生态区提供技术储备，以利于应对气候变化，实现“周年产量提高和资源高效利用”的双重目标。

(一)双季玉米体系的优势

双季玉米体系是一种新型高产高效种植模式，具有光、温生产效率高和经济效益好等优点。吴丹在河北平原对双季玉米体系进行研究，结果表明，相较于冬小麦－夏玉米种植模式，双季玉米体系的水分利用效率提高 53.7%～76.6%，光能生产效率提高 9.7%～29.0%，太阳辐射利用效率提高 12.7%～29.0%，有效积温生产效率提高 6.9%～8.2%。葛均筑对长江中游地区两熟种植模式作物的周年产量和资源利用效率进行比较研究，发现双季玉米体系的周年产量比双季稻提高 21.73%，有效积温利用效率提高 2.93%，太阳辐射利用效率提高 19.10%。柳芳对双季玉米、双季稻、春玉米－晚稻、早稻－秋玉米种植模式的周年产量进行研究，发现双季玉米体系的周年产量最高，较双季稻种植模式提高 13.4%。双季玉米体系还有良好的经济效益。唐永金对四川双季

玉米栽培技术及效益进行分析，发现双季玉米体系较麦－玉种植模式增产1.18%，总成本低198.8元·ha^{-1}，且双季玉米体系的利润增加1 595.8元·ha^{-1}。雷恩等人的研究表明，双季玉米体系的经济效益比双季稻高11.6%。李淑娅发现，双季玉米体系的经济效益比双季稻高37.8%。可见，双季玉米体系是一种高产高效种植模式，可有效地应对气候变暖，提高周年产量和光、温、水资源利用效率，充分发挥C4玉米的高光效、高物质生产能力等优点，进一步提高黄淮海平原、长江中游地区作物的周年产量及资源利用效率。

与C3水稻相比，C4玉米的光、温生产效率及利用效率较高，且需水量较少（有研究表明，生产1 kg玉米所需水量约为生产1 kg水稻所需水量的28.3%，玉米蒸散水利用效率为水稻的1.9倍，玉米水分利用效率是水稻的2.6倍），所以双季玉米体系在水资源短缺的区域有很好的适应性。我国南方部分地区季节性干旱频发，长江中游地区多以山地、丘陵和岗地为主，在气候条件变化的大背影下，采取双季玉米体系具有可行性。此外，在部分地区发展双季玉米体系可以缓解“小麦价低过剩而玉米供不应求”的矛盾。

（二）双季玉米体系推广的限制因素

虽然双季玉米体系具有较多优势，但其起步较晚，尚存在一些问题亟须解决，如两季品种搭配不合理、配套栽培技术不完善等。

选择与两季光、温资源匹配的品种是双季玉米体系建立的关键。以往关于双季玉米体系的研究多集中在单一品种上，或者根据品种的熟期进行两季搭配。例如：司文修以早熟西玉3号为材料进行两季搭配，对双季玉米栽培技术进行研究；蔡庆红以早熟郑单958、中熟登海9号和晚熟先玉335为材料，对南方稻区双季玉米周年高产品种与播期的搭配效应进行比较；陈立军以登海11为材料，对双季玉米配套栽培技术进行研究；葛均筑以郑单958、登海9号和宜单629组配双季玉米周年搭配模式，研究品种搭配对双季玉米体系周年产量及资源利用效率的影响；李立娟等人在河南新乡探索双季粮用玉米种植模式，分别用益农103和郑单958进行两季搭配，探讨黄淮海地区双季玉米体系的周年产量与资源利用效率；李立娟对双季玉米栽培技术的研究也是用益农103和郑单958进行两季搭配，探讨不同播期、种植密度、耕作方式等对双季玉米体系周年产量的影响。

基于品种的局限性，双季玉米体系周年产量的潜力没有得到充分发挥，因此根据不同生态区的气候、资源条件，选择与光、温、水资源匹配的品种，以及探索两季品种的合理搭配，是对双季玉米体系进行研究的重要内容，是提高双季玉米体系周年产量的关键。

第二节　研究目的与意义

探索新型高产高效种植模式，是应对当下气候变暖趋势及保证农业可持续发展的重要途径。双季玉米体系是高产高效、经济效益较好的种植模式，但两季品种筛选依据科学性不足、品种搭配不合理等限制了其周年产量和资源利用效率的提高。本书从品种的生态适应性角度探讨如何通过品种选择及两季品种的合理搭配实现玉米生长与气候资源的匹配，如何通过品种搭配合理配置两季资源，从而提高周年产量和气候资源利用效率。本书旨在：①明确黄淮海平原和长江中游地区有代表性的气候资源特征，以及构建双季玉米体系所需的气候条件，对不同生态区的品种进行类别划分，在明确双季玉米体系不同搭配模式的资源配置与利用特征的基础上，进一步分析双季玉米体系资源优化配置；②探索适宜的搭配模式，分析玉米生长发育、产量形成与生态因子的关系，阐明双季玉米体系搭配、生育进程与气候资源的匹配机制；③从产量形成与光、温、水资源配置的相关性角度出发，探明双季玉米体系的增产增效机制，最大限度地挖掘黄淮海平原和长江中游地区周年产量的潜力，提高资源利用效率，构建双季玉米高产高效种植模式，为两熟及多熟生态区种植模式优化布局提供理论指导和技术支持。

第三节 研究方案

一、主要研究内容

1. 探明不同生态区双季玉米体系品种生态适应性及两季品种合理搭配模式

本书结合黄淮海平原和长江中游地区典型站点的气候等生态条件，分析近年来的有效积温、降水量、日照时数等，从不同生态区选取具有代表性的品种46份，并对品种进行类别划分，结合周年有效积温和品种产量表现，确定黄淮海平原和长江中游地区双季玉米体系适宜的搭配模式。

2. 明确双季玉米体系光、温、水资源配置特征及其对周年产量形成的影响机制

本书通过研究黄淮海平原和长江中游地区不同类别品种对光、温、水资源变化的响应，明确影响双季玉米体系周年产量形成的主要生态因子，分析不同生态区双季玉米体系周年产量形成的差异，分析黄淮海平原和长江中游地区双季玉米体系适宜搭配模式的干物质积累与分配，优化双季玉米体系适宜搭配模式的资源配置和资源利用效率，确定适宜这两个地区的最佳搭配模式。

3. 研究种植密度对双季玉米体系周年产量形成的调控效应

本书通过调控种植密度，对双季玉米体系不同生长季的品种进行产量差异分析，以高产、优质、高效同步协调为主要目标，对体系内部及栽培技术（如种植密度）进行调整和优化，建立黄淮海平原和长江中游地区高产高效的双季玉米体系。

二、技术路线

本书以提高黄淮海平原、长江中游地区双季玉米体系的周年产量及资源利用效率为目标，明确两地区双季玉米体系高产高效的搭配模式、季间品种选择，以及资源配置特征的差异性，研究产量形成与生态因子的关系，明确种植密度对双季玉米体系产量形成的调控效应，构建黄淮海平原和长江中游地区双季玉米高产高效栽培技术体系，为我国两熟及多熟生态区应对气候条件变化、挖掘周年产量潜力、提高资源利用效率等提供理论指导和技术支持。本书技术路线图如图 1－1 所示。

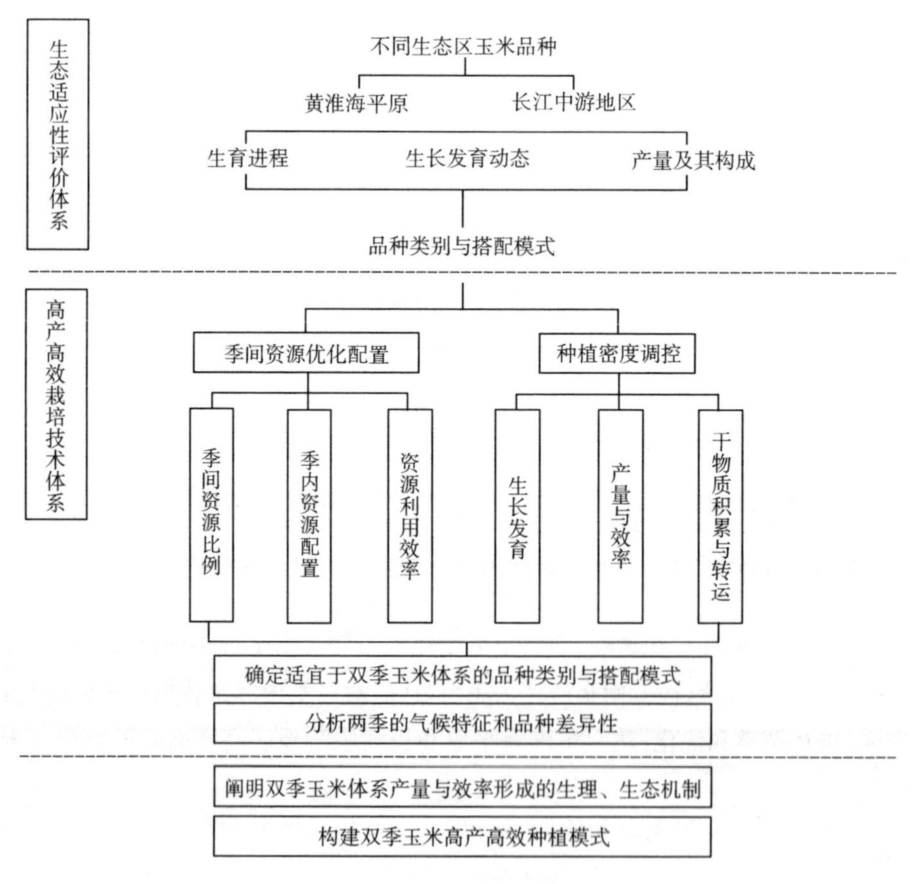

图 1－1　本书技术路线图

第二章　双季玉米体系季间搭配模式研究

黄淮海平原、长江中游地区是我国重要的两熟及多熟生态区，气候资源配置表现出明显的区域性差异。两地区主要的栽培模式分别是冬小麦－夏玉米和双季稻。随着气候条件的变化，作物物候期出现提前或延后现象，资源配置不合理等问题日益突出。引入双季玉米体系有利于挖掘两熟及多熟生态区作物的周年产量潜力，提高资源利用效率。

双季玉米体系作为一种新型高产高效种植模式，具有较高的光、温生产效率和经济效益。如前文所述，对于双季玉米体系的资源利用效率及增产潜力，相关学者开展了大量研究工作，得到了较多的研究成果。

品种是影响种植模式推广的主要因素之一，也是种植模式演变的先决条件。以往的研究多以当地主推的优势品种为试验材料进行两季品种搭配，品种选择单一。品种选择的局限性不利于双季玉米体系资源利用效率的充分发挥。同时，双季玉米体系产量潜力的提升更依赖于适宜品种的引入及两季品种的精准搭配。从玉米品种的生态适应性出发，对玉米品种进行类别划分，分析搭配模式对同一地区两个生态特点完全不同的生长季的响应，大范围筛选适宜的玉米品种，实现两季品种的精准搭配，是有效提高双季玉米体系周年产量的主要途径。

本书跨不同的生态区（北方春玉米区、黄淮海夏玉米区、西南山地玉米区、南方丘陵玉米区）选取品种，分析不同品种在不同生长季中从播种到成熟所需有效积温的变化，将其有效积温作为目标性状，对不同生态区的玉米品种进行类别划分，依据黄淮海平原和长江中游地区的周年有效积温，结合不同生长季中不同搭配模式的产量变化进行分析，为两熟及多熟生态区双季玉米体系的构建与双季玉米品种的选育提供理论依据和技术支持。

第一节 材料与方法

一、试验地概况

试验于2015年在中国农业科学院新乡综合试验基地（简称“新乡试验基地”，35°11′30″ N，113°48′ E）和湖北省武穴市现代农业示范中心试验基地（简称“武穴试验基地”，30°00′ N，115°44′ E）进行。新乡试验基地属于暖温带大陆性季风气候，年平均气温为14 ℃，全年≥10 ℃有效积温为4 650 ℃，年日照时数为2 320 h，年降水量为571 mm，土壤为黏壤土，耕层含有机质12.6 $g \cdot kg^{-1}$、全氮0.8 $g \cdot kg^{-1}$、速效磷19.9 $mg \cdot kg^{-1}$、速效钾170.5 $mg \cdot kg^{-1}$，土壤pH值为8.4。武穴试验基地属于亚热带季风性湿润气候，年平均气温为17 ℃，全年≥10 ℃有效积温为5 650 ℃，年太阳辐射量为4 470 $MJ \cdot m^{-2}$，年降水量为1 350 mm，土壤为沙壤土，耕层含有机质15.6 $g \cdot kg^{-1}$、全氮1.7 $g \cdot kg^{-1}$、速效磷11.1 $mg \cdot kg^{-1}$、速效钾109.8 $mg \cdot kg^{-1}$，土壤pH值为5.9。

二、试验设计

试验均采用随机区组设计，以不同生态区适应性好、高产、稳产的46个品种为试验材料，品种列表见表2－1。新乡试验基地采用40 cm×80 cm大小行种植模式，小区面积为48 m^2（10 m×4.8 m），每小区种植8行玉米，种植密度为8.25×10^4 株·ha^{-1}，重复试验3次，播种前整地，底肥公顷施肥量为100 kg N、100 kg P_2O_5、100 kg K_2O，在10叶期每公顷追施80 kg N，按时浇水，及时除草，防治病虫害，其他栽培及田间管理措施同一般玉米高产田。武穴试验基地采用厢沟种植模式，厢面宽2 m，沟宽40 cm，沟深30 cm，播种采用40 cm×80 cm大小行种植模式，每厢4行，小区长10 m、宽4.8 m，为2厢8行区，种植密度为

8.25×10^4株·ha^{-1}，重复试验3次，播种前整地，人工开沟做厢面，并在40 cm窄行中间开15～20 cm深的肥料沟，撒施肥料，肥料沟两侧开2～3 cm深的播种沟，同时掩埋肥料沟，肥料于播种时一次性基施，公顷施肥量为270 kg N、150 kg P_2O_5、180 kg K_2O，试验所用复合肥料为玉米专用缓控释肥（N∶P_2O_5∶K_2O = 22∶8∶12），以N为计算单位，P_2O_5、K_2O的用量分别用过磷酸钙（含12% P_2O_5）、氯化钾（含60% K_2O）补足，于6叶期揭去地膜并喷施玉米专用除草剂，其他田间管理措施同一般玉米高产田。第一季根据气象数据，利用五日滑动均温法确定气温稳定在10 ℃以上的日期，从而确定适宜玉米播种的最早播期，播种后人工覆膜；第二季于第一季收获后立即播种，施肥量与第一季一致，待玉米达到生理成熟时收获。不同地区双季玉米体系两季的播期和收获期见表2－2。

表2－1 品种列表

品种来源	品种名称				
内蒙古	丰垦008	兴垦3号	兴垦9号	兴垦5号	兴垦10
	兴垦6号	兴垦4号			
黑龙江	德美亚1号	德美亚2号	瑞福尔1号	北种玉1号	克单14
	德美亚3号	东农254	绥玉7号	龙单59	合玉22
	中梁519	龙单41	克玉15	哈丰2号	
吉林	内早16	吉单503	吉单103	吉单441	南北4号
	省原73	吉单519	吉单53	穗禾369	吉东16
	郝育20	吉单27			
河南、河北	浚单20	浚单22	联创3号	吉祥1号	郑单958
湖南、湖北、四川	三农201	东单80	帮豪玉108	宜单629	临奥9号
	成单30	荃玉9号	仲玉3号		

表 2-2　不同地区双季玉米体系两季的播期和收获期

地区	搭配模式	第一季		第二季	
		播期	收获期	播期	收获期
黄淮海平原	LH	3 月 22 日	7 月 12 日	7 月 13 日	11 月 7 日
	MM	3 月 22 日	7 月 2 日	7 月 2 日	11 月 14 日
	HL	3 月 22 日	8 月 3 日	8 月 3 日	11 月 17 日
长江中游地区	LH	3 月 8 日	7 月 7 日	7 月 7 日	11 月 3 日
	MM	3 月 8 日	7 月 16 日	7 月 16 日	11 月 4 日
	MH	3 月 8 日	7 月 16 日	7 月 16 日	11 月 9 日
	HM	3 月 8 日	7 月 23 日	7 月 23 日	11 月 1 日

三、测定项目与方法

(一)气象数据

新乡试验基地的气象数据来源于中国气象局网站(http://www.cma.gov.cn),主要包括日均温、日均高温、日均低温、日照时数、降水量等。武穴试验基地每日的气象数据来源于试验站点的气象台站,包括日最高温、日最低温、日降水量、日照时数等。此外,还应计算这两个试验基地周年及两季的太阳辐射量、有效积温和降水量。

根据式(2-1)计算玉米生育期内的有效积温 T_G,其中 T_{max}、T_{min}、T_{base}分别代表日均高温、日均低温、生理最低温度(10 ℃),本书设定有效积温上阈值为 30 ℃。

$$T_G = \sum_0^n \left(\frac{T_{max} + T_{min}}{2}\right) - T_{base} \tag{2-1}$$

根据式(2-2)计算玉米生育期内的太阳辐射量 R_a,其中 R_0为天文辐射量,S 为太阳实测日照时数,S_0为太阳可照时数,S/S_0为日照百分率,a、b 为待定系数。

$$R_a = R_0(a + bS/S_0) \tag{2-2}$$

（二）生育时期

根据 Hanway 和石云素等人的记载方法，准确记录玉米的播期、苗期（60%出苗）、吐丝期（60%吐丝）、成熟期（玉米籽粒出现黑层）和全生育期。

（三）产量

在玉米籽粒生理成熟后，选取小区内中间无破坏的 2 行（12 m^2），统计穗数（穗粒数小于 20 粒视为无效穗），称取总鲜重，计算平均穗重，选取接近平均穗重的样穗 10 穗，自然风干后于室内考种。考种采用手工单穗脱粒，考查穗长、穗粗、穗粒数、千粒重、穗行数、行粒数、含水量等。用 PM－8188－A 谷物水分测定仪测定籽粒含水量，重复 3 次，取平均值。将产量均换算成 14% 安全含水量的结果。

四、数据处理与分析

采用 Microsoft Office Excel 2003 软件对试验数据进行初步整理；采用 SPSS 16.0、Statistic 9.0 软件进行聚类分析和方差分析。

第二节 结果与分析

一、不同地区不同品种两季的有效积温和产量

不同地区不同品种两季的有效积温和产量见表 2－3。不同品种对不同生长季的适应性不同，有效积温和产量亦不同。在黄淮海平原，除了宜单 629、穗禾 369 以外，其他品种第一季的产量均高于第二季。各品种第一季的最高有效积温为 1 584 ℃，最低有效积温为 1 233 ℃，平均值为 1 364 ℃，标准差（体现变幅）为 107 ℃；第二季的最高有效积温为 1 431 ℃，最低有效积温为 1 218 ℃，平均值为 1 327 ℃，标准差为 63 ℃。各品种第一季的最高产量为

11.19 Mg · ha^{-1},最低产量为5.51 Mg · ha^{-1},平均值为8.79 Mg · ha^{-1},标准差为1.40 Mg · ha^{-1};第二季的最高产量为10.42 Mg · ha^{-1},最低产量为4.22 Mg · ha^{-1},平均值为6.75 Mg · ha^{-1},标准差为1.54 Mg · ha^{-1}。

在长江中游地区,大多数品种第一季的产量高于第二季。各品种第一季的最高有效积温为1 520 ℃,最低有效积温为1 231 ℃,平均值为1 374 ℃,标准差为71 ℃;第二季的最高有效积温为1 506 ℃,最低有效积温为1 260 ℃,平均值为1 381 ℃,标准差为82 ℃。各品种第一季的最高产量为10.72 Mg · ha^{-1},最低产量为5.68 Mg · ha^{-1},平均产量为8.26 Mg · ha^{-1},标准差为1.34 Mg · ha^{-1};第二季的最高产量为12.28 Mg · ha^{-1},最低产量为4.57 Mg · ha^{-1},平均产量为8.33 Mg · ha^{-1},标准差为2.10 Mg · ha^{-1}。

表2-3 不同地区不同品种两季的有效积温和产量

地区	品种	第一季		第二季	
		有效积温/℃	产量/(Mg · ha^{-1})	有效积温/℃	产量/(Mg · ha^{-1})
黄淮海平原	宜单629	1 529	10.04	1 431	10.42
	成单30	1 548	10.49	1 431	8.84
	东单80	1 548	8.18	1 427	7.02
	帮豪玉108	1 566	9.53	1 431	8.29
	荃玉9号	1 566	11.19	1 431	9.31
	仲玉3号	1 584	9.74	1 431	8.59
	穗禾369	1 395	6.91	1 317	7.44
	兴垦3号	1 411	9.82	1 320	7.93
	哈丰2号	1 427	9.24	1 309	6.43
	吉单441	1 427	9.76	1 317	7.27
	吉祥1号	1 427	10.50	1 364	8.92
	浚单20	1 427	9.73	1 320	7.32
	浚单22	1 443	10.17	1 427	9.56

续表

地区	品种	第一季		第二季	
		有效积温/℃	产量/（Mg·ha^{-1}）	有效积温/℃	产量/（Mg·ha^{-1}）
	联创3号	1 443	10.46	1 424	8.08
	省原73	1 443	9.67	1 353	7.52
	兴垦4号	1 443	9.22	1 353	7.40
	郑单958	1 474	9.85	1 364	9.01
	临奥9号	1 492	9.68	1 427	7.26
	三农201	1 492	9.29	1 424	7.82
	郝育20	1 233	7.06	1 257	5.55
	克玉15	1 233	6.73	1 309	5.58
	龙单59	1 233	7.58	1 257	4.25
	兴垦10	1 233	7.51	1 246	6.10
	德美亚2号	1 250	8.70	1 218	5.12
	丰垦008	1 250	8.48	1 257	5.88
	吉单103	1 250	7.28	1 284	5.63
	南北4号	1 250	6.14	1 314	5.57
	内早16	1 250	5.51	1 257	4.22
	北种玉1号	1 267	6.71	1 237	4.87
	吉单519	1 267	7.98	1 266	5.35
	克单14	1 267	7.36	1 266	4.86
	龙单41	1 267	7.88	1 320	5.72
	瑞福尔1号	1 267	8.60	1 309	6.52
	绥玉7号	1 267	6.68	1 314	4.59
	中梁519	1 267	7.73	1 309	4.89
	合玉22	1 286	7.23	1 333	4.53
	东农254	1 317	8.80	1 314	6.19
	兴垦9号	1 317	8.58	1 257	4.93
	德美亚3号	1 331	8.61	1 246	6.04
	吉单503	1 331	8.39	1 320	6.39
	吉单53	1 331	9.67	1 284	6.35

续表

地区	品种	第一季		第二季	
		有效积温/℃	产量/（$Mg \cdot ha^{-1}$）	有效积温/℃	产量/（$Mg \cdot ha^{-1}$）
	兴垦5号	1 331	10.71	1 314	7.55
	德美亚1号	1 331	10.65	1 314	7.89
	吉单27	1 331	10.81	1 288	6.99
	吉东16	1 345	9.88	1 314	6.70
	兴垦6号	1 345	9.65	1 320	7.90
	平均值±标准差	1 364 ± 107	8.79±1.40	1 327 ± 63	6.75 ± 1.54
长江中游地区	宜单629	1 502	9.28	1 486	11.79
	成单30	1 464	10.67	1 501	11.54
	东单80	1 520	7.80	1 479	10.34
	帮豪玉108	1 485	9.00	1 506	10.89
	荃玉9号	1 515	10.51	1 486	11.58
	仲玉3号	1 520	10.57	1 490	10.37
	穗禾369	1 365	7.40	1 434	7.83
	兴垦3号	1 416	9.15	1 437	8.32
	哈丰2号	1 376	7.57	1 301	5.85
	吉单441	1 382	8.81	1 424	8.12
	吉祥1号	1 382	8.43	1 441	12.28
	浚单20	1 399	9.81	1 443	10.57
	浚单22	1 416	10.54	1 479	11.99
	联创3号	1 382	9.77	1 437	11.42
	省原73	1 399	9.01	1 441	9.61
	兴垦4号	1 416	8.59	1 434	8.55
	郑单958	1 434	10.72	1 479	11.97
	临奥9号	1 485	8.79	1 501	10.73
	三农201	1 451	8.80	1 479	10.35

续表

地区	品种	第一季		第二季	
		有效积温/℃	产量/(Mg·ha^{-1})	有效积温/℃	产量/(Mg·ha^{-1})
	郝育 20	1 335	7.11	1 347	6.81
	克玉 15	1 365	7.39	1 320	6.36
	龙单 59	1 335	7.92	1 283	7.23
	兴垦 10	1 231	6.86	1 260	6.29
	德美亚 2 号	1 282	7.76	1 311	6.70
	丰垦 008	1 335	7.60	1 301	7.46
	吉单 103	1 265	6.56	1 320	7.03
	南北 4 号	1 365	6.65	1 311	6.47
	内早 16	1 265	6.70	1 276	6.39
	北种玉 1 号	1 345	5.68	1 269	5.25
	吉单 519	1 376	7.55	1 452	6.95
	克单 14	1 312	5.70	1 301	5.77
	龙单 41	1 345	8.43	1 399	6.58
	瑞福尔 1 号	1 345	7.19	1 269	6.35
	绥玉 7 号	1 335	5.68	1 311	6.65
	中梁 519	1 345	6.73	1 283	4.57
	合玉 22	1 376	6.87	1 437	6.14
	东农 254	1 350	8.39	1 276	7.34
	兴垦 9 号	1 231	7.47	1 260	6.72
	德美亚 3 号	1 299	7.40	1 276	6.31
	吉单 503	1 335	8.68	1 347	8.65
	吉单 53	1 382	9.25	1 411	9.33
	兴垦 5 号	1 335	8.68	1 399	9.07
	德美亚 1 号	1 350	8.37	1 389	7.38
	吉单 27	1 365	9.78	1 347	8.51
	吉东 16	1 382	9.47	1 399	8.66
	兴垦 6 号	1 299	9.02	1 311	8.21
	平均值±标准差	1 374 ± 71	8.26±1.34	1 381±82	8.33±2.10

二、不同地区两季品种类别划分

依据不同地区、不同品种两季的有效积温，采用系统聚类法对试验品种进行聚类分析，将黄淮海平原第一季、第二季的 46 个品种分为高有效积温型（H）、中有效积温型（M）、低有效积温型（L），如图 2－1 所示。黄淮海平原第一季高有效积温型品种的有效积温为 1 529～1 584 ℃，中有效积温型品种的有效积温为 1 395～1 492 ℃，低有效积温型品种的有效积温为 1 233～1 354 ℃；第二季高有效积温型品种的有效积温为 1 424～1 431 ℃，中有效积温型品种的有效积温为 1 284～1 364 ℃，低有效积温型品种的有效积温为 1 218～1 266 ℃。各类品种的有效积温和产量见表 2－4。由表 2－4 可以看出，各类品种的有效积温差异较小，说明以有效积温为目标性状进行聚类具有可行性。

将长江中游地区第一季、第二季的 46 个品种分为高有效积温型（H）、中有效积温型（M）、低有效积温型（L），如图 2－2 所示。长江中游地区第一季高有效积温品种的有效积温为 1 451～1 520 ℃，中有效积温型品种的有效积温为 1 365～1 434 ℃，低有效积温型品种的有效积温为 1 231～1 350 ℃；第二季高有效积温型品种的有效积温为 1 479～1 506 ℃，中有效积温型品种的有效积温为 1 389～1 452 ℃，低有效积温型品种的有效积温为 1 260～1 347 ℃。各类品种的有效积温和产量见表 2－5。由表 2－5 可以看出，各类品种的有效积温差异较小，说明以有效积温为目标性状进行聚类具有可行性。

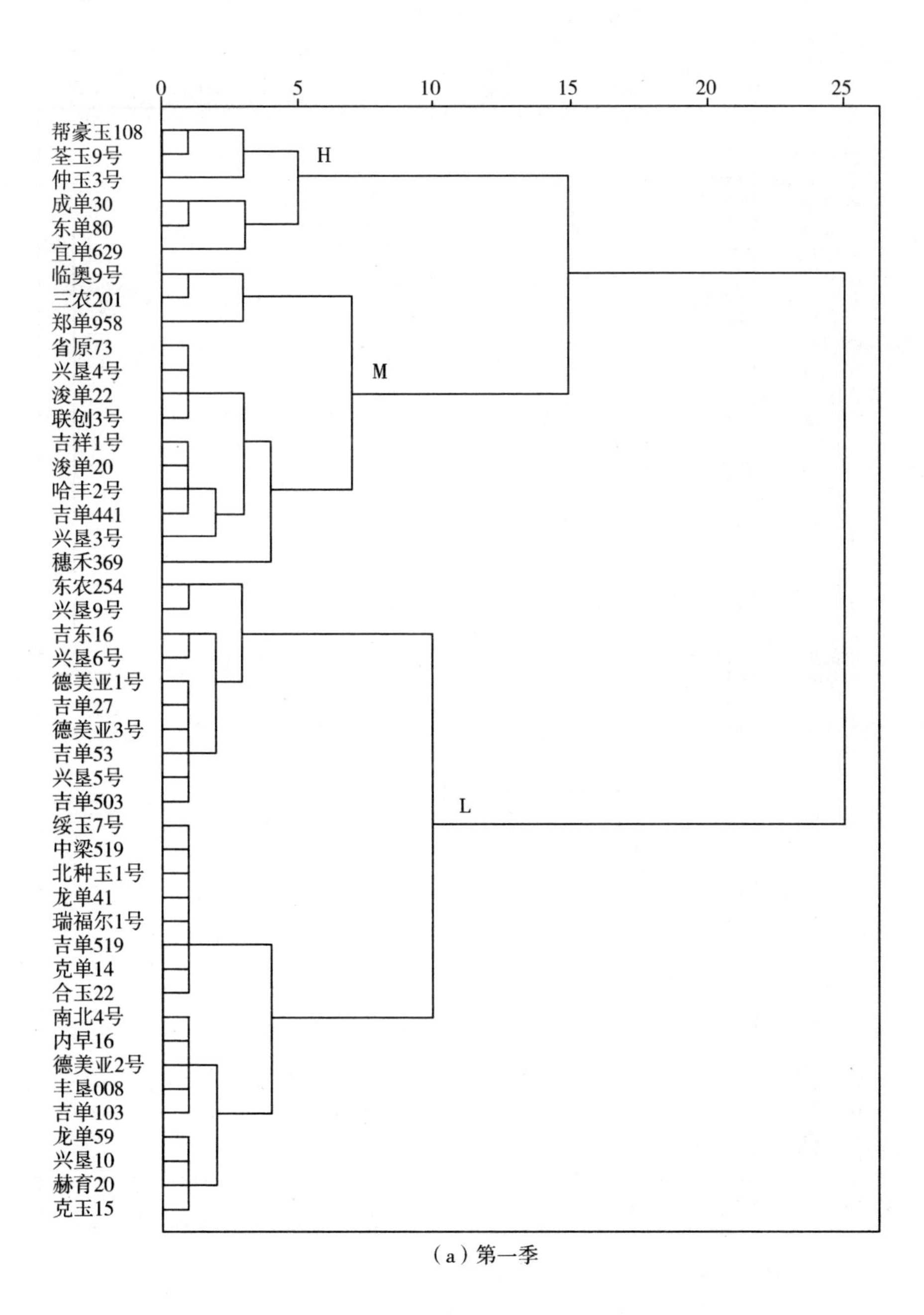
0
5
10
15
20
25
H
M
L
帮豪玉108
荃玉9号
仲玉3号
成单30
东单80
宜单629
临奥9号
三农201
郑单958
省原73
兴垦4号
浚单22
联创3号
吉祥1号
浚单20
哈丰2号
吉单441
兴垦3号
穗禾369
东农254
兴垦9号
吉东16
兴垦6号
德美亚1号
吉单27
德美亚3号
吉单53
兴垦5号
吉单503
绥玉7号
中梁519
北种玉1号
龙单41
瑞福尔1号
吉单519
克单14
合玉22
南北4号
内早16
德美亚2号
丰垦008
吉单103
龙单59
兴垦10
赫育20
克玉15

（a）第一季

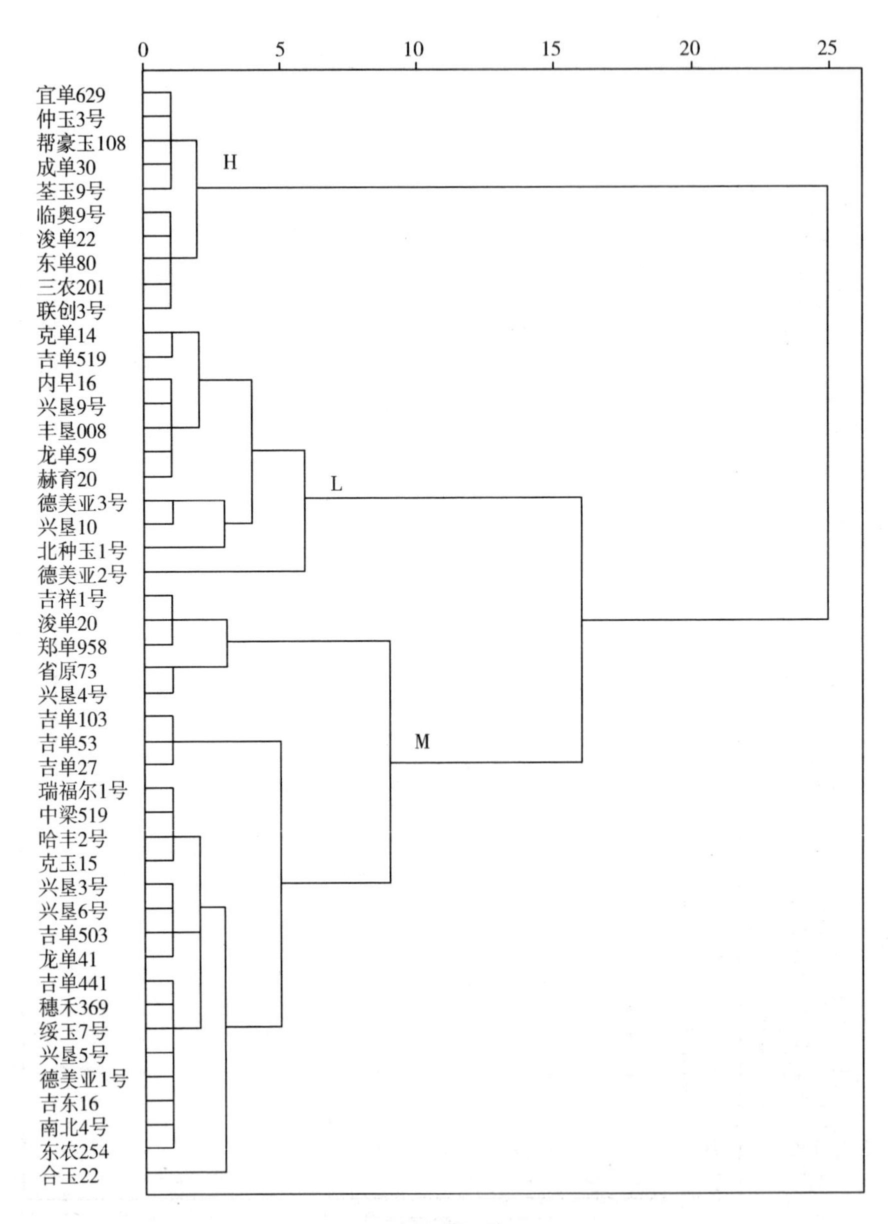

(b) 第二季

图 2－1　品种聚类分析(黄淮海平原)

表 2－4 各类品种的有效积温和产量(黄淮海平原)

生长季	品种类别	品种数量	有效积温/℃			产量/(Mg·ha^{-1})		
			范围	平均值 ± 标准差	变异系数/%	范围	平均值 ± 标准差	变异系数/%
第一季	H	6	1 529～1 584	1 557 ± 19	1.2	8.2～11.2	9.9 ± 1.01	10.3
	M	13	1 395～1 492	1 442 ± 29	2.0	6.9～10.5	9.6 ± 0.89	9.4
	L	27	1 233～1 354	1 283 ± 40	3.1	5.5～10.8	8.2 ± 1.36	16.7
第二季	H	10	1 424～1 431	1 428 ± 3	0.2	7.0～10.4	8.5 ± 1.02	12.0
	M	25	1 284～1 364	1 321 ± 26	2.0	4.6～9.0	7.0 ± 1.24	17.7
	L	11	1 218～1 266	1 251 ± 13	1.1	4.2～6.1	5.2 ± 0.76	14.7

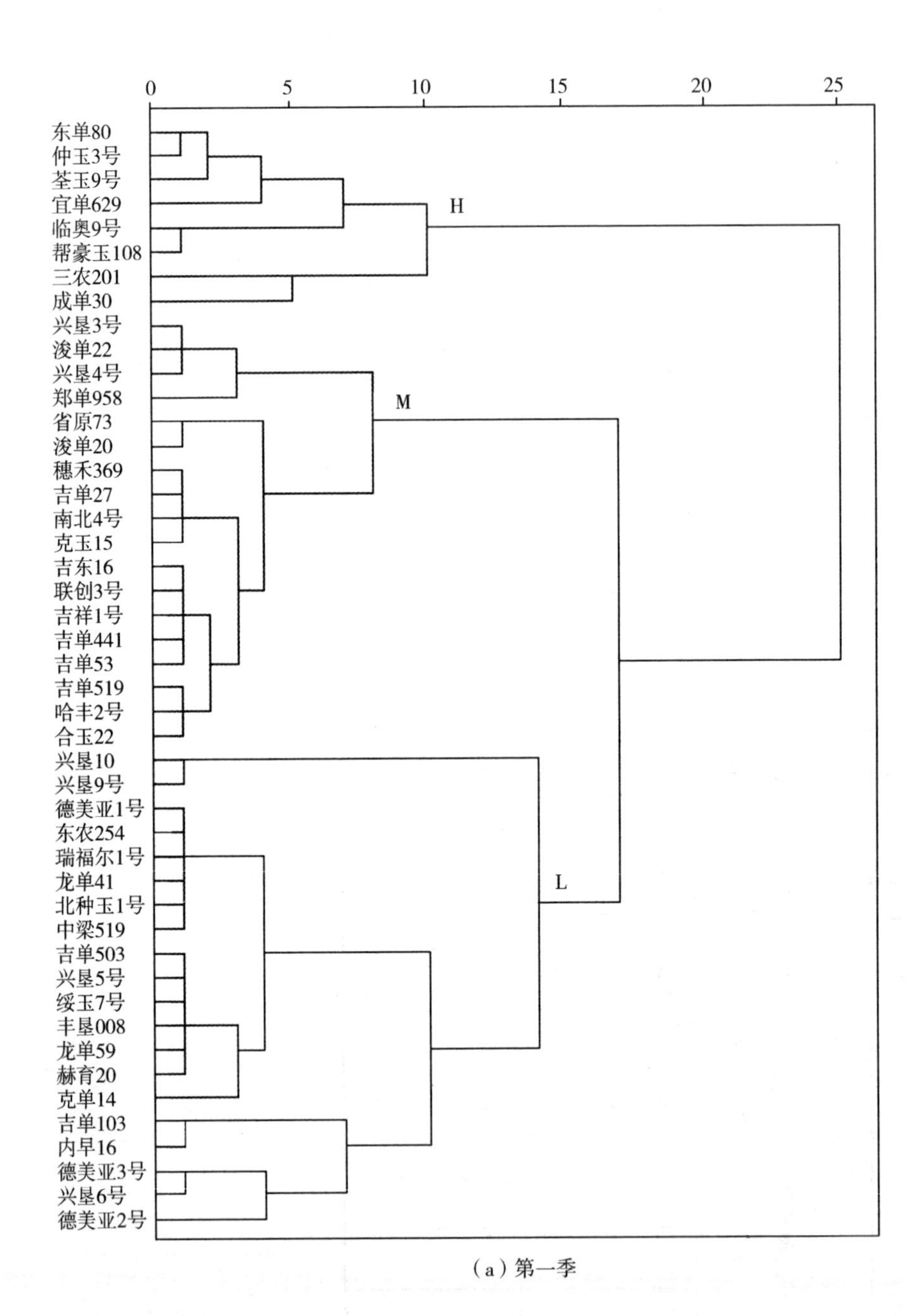
0
5
10
15
20
25
东单80
仲玉3号
荃玉9号
宜单629
临奥9号
帮豪玉108
三农201
成单30
兴垦3号
浚单22
兴垦4号
郑单958
省原73
浚单20
穗禾369
吉单27
南北4号
克玉15
吉东16
联创3号
吉祥1号
吉单441
吉单53
吉单519
哈丰2号
合玉22
兴垦10
兴垦9号
德美亚1号
东农254
瑞福尔1号
龙单41
北种玉1号
中梁519
吉单503
兴垦5号
绥玉7号
丰垦008
龙单59
赫育20
克单14
吉单103
内早16
德美亚3号
兴垦6号
德美亚2号
H
M
L

（a）第一季

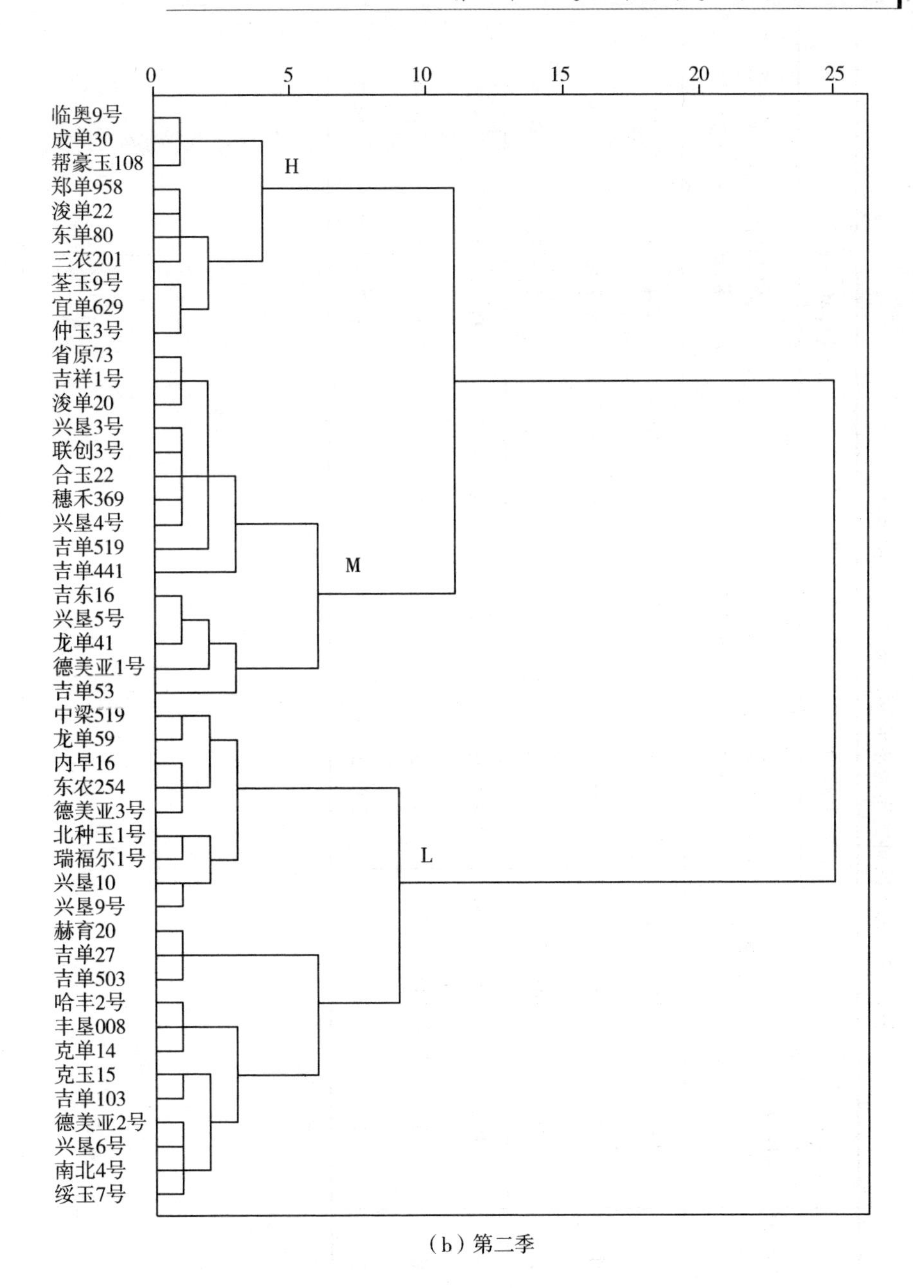

(b)第二季

图2-2 品种聚类分析(长江中游地区)

表 2-5 各类品种的有效积温和产量(长江中游地区)

生长季	品种类别	品种数量	有效积温/℃			产量/(Mg · ha^{-1})		
			范围	平均值 ± 标准差	变异系数/%	范围	平均值 ± 标准差	变异系数/%
第一季	H	8	1 451 ~ 1 520	1 493 ± 26	1.8	7.8 ~ 10.7	9.4 ± 1.05	11.1
	M	18	1 365 ~ 1 434	1 388 ± 21	1.5	6.7 ~ 10.7	8.7 ± 1.23	14.2
	L	20	1 231 ~ 1 350	1 314 ± 39	3.0	5.7 ~ 9.0	7.4 ± 1.03	13.9
第二季	H	10	1 479 ~ 1 506	1 489 ± 11	0.7	10.3 ~ 12.0	11.2 ± 0.69	6.2
	M	15	1 389 ~ 1 452	1 425 ± 20	1.4	6.1 ~ 12.3	8.7 ± 1.74	19.9
	L	21	1 260 ~ 1 347	1 299 ± 28	2.1	4.6 ~ 8.7	6.7 ± 0.99	14.8

三、双季玉米体系季间搭配模式比较

（一）黄淮海平原双季玉米体系季间搭配模式周年有效积温和周年产量比较

以河南新乡地区的周年有效积温（2 852 ℃）作为对照组，对黄淮海平原双季玉米体系不同搭配模式所需周年有效积温和周年产量进行比较分析，如图 2－3 所示。由图 2－3 可知，HH、HM、MH 所需周年有效积温分别为 2 985 ℃、2 878 ℃、2 870 ℃，周年产量分别为 18.38 $Mg \cdot ha^{-1}$、16.58 $Mg \cdot ha^{-1}$、18.08 $Mg \cdot ha^{-1}$，高于其他大部分搭配模式，但达到两季成熟所需周年有效积温分别比当地周年有效积温高 133 ℃、26 ℃、18 ℃。在其他 6 种搭配模式中，LL、LM、ML 所需周年有效积温分别占当地周年有效积温的 88.8%、91.3%、94.4%，但周年产量较低，分别为 13.36 $Mg \cdot ha^{-1}$、14.88 $Mg \cdot ha^{-1}$、14.76 $Mg \cdot ha^{-1}$；LH、MM、HL 所需周年有效积温分别占当地周年有效积温的 95.1%、96.9%、98.5%，相较于其他搭配模式，周年产量较高，分别为 16.68 $Mg \cdot ha^{-1}$、16.28 $Mg \cdot ha^{-1}$、15.06 $Mg \cdot ha^{-1}$。结合周年有效积温利用效率和周年产量，可确定 LH、MM 和 HL 适合在黄淮海平原种植。

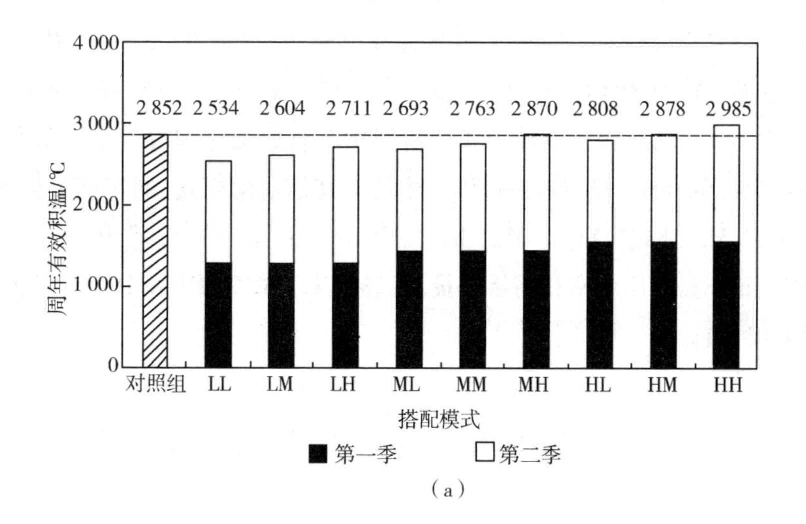

（a）

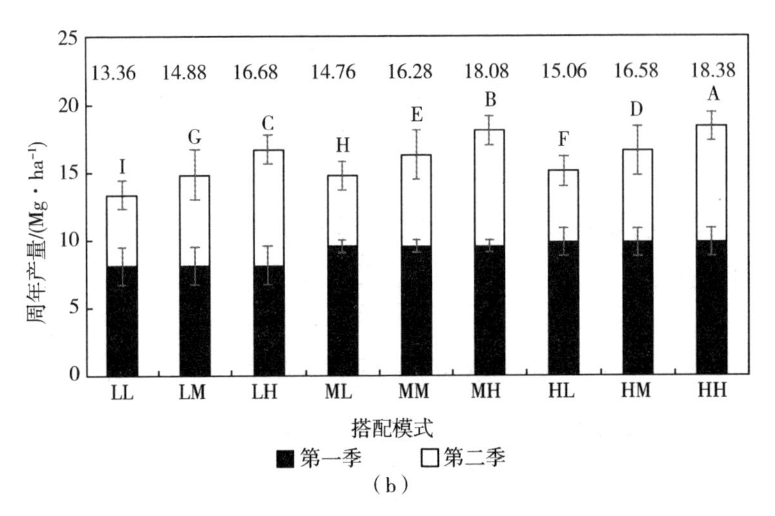

（b）

图 2-3　黄淮海平原双季玉米体系不同搭配模式所需周年有效积温和周年产量比较

注:大写字母不同表示第一季与第二季之和在 0.05 水平上差异显著(p <0.05)。

(二)长江中游地区双季玉米体系季间搭配模式周年有效积温和周年产量比较

以湖北武穴地区的周年有效积温(2 967 ℃)作为对照组,对长江中游地区双季玉米体系不同搭配模式所需周年有效积温和周年产量进行比较分析,如图 2-4 所示。由图 2-4 可知,HH 所需周年有效积温为 2 982 ℃,周年产量为 20.59 $Mg \cdot ha^{-1}$,高于其他 8 种搭配模式,但达到两季成熟所需周年有效积温比当地周年有效积温高 15 ℃。在其他 8 种搭配模式中,LL、LM、ML、HL 所需周年有效积温分别占当地周年有效积温的 88.1%、92.3%、90.6%、94.0%,但周年产量较低,分别为 14.11 $Mg \cdot ha^{-1}$、16.12 $Mg \cdot ha^{-1}$、15.42 $Mg \cdot ha^{-1}$、16.14 $Mg \cdot ha^{-1}$;LH、MM、MH、HM 所需周年有效积温分别占当地周年有效积温的 94.5%、94.8%、97.0%、98.3%,相较于其他搭配模式,周年产量较高,分别为 18.56 $Mg \cdot ha^{-1}$、17.43 $Mg \cdot ha^{-1}$、19.87 $Mg \cdot ha^{-1}$、18.15 $Mg \cdot ha^{-1}$。结合周年有效积温利用效率和周年产量,可确定 LH、MM、MH 和 HM 适合在长江中游地区种植。

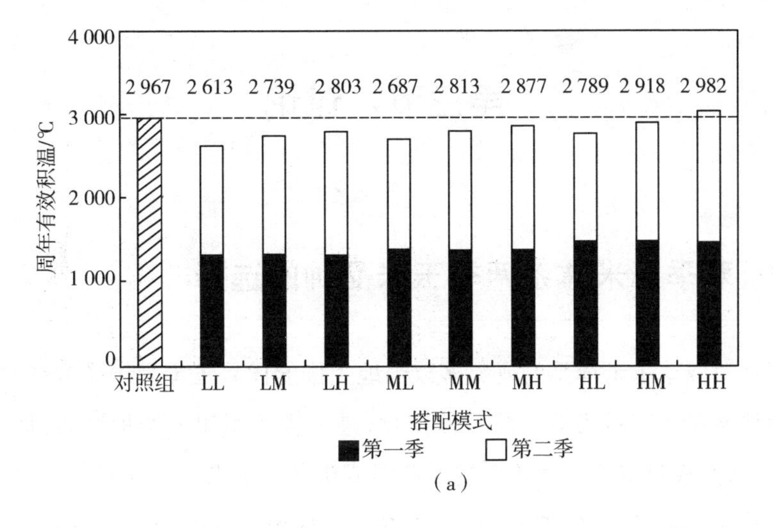

（a）

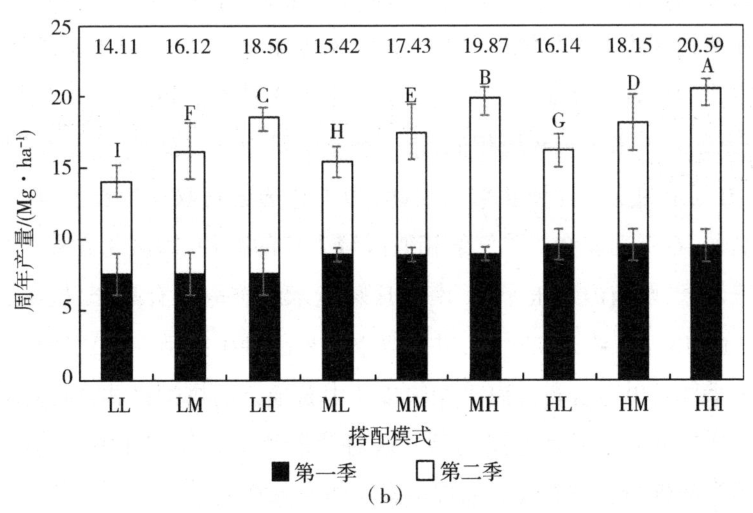

（b）

图 2-4 长江中游地区双季玉米体系不同搭配模式所需周年有效积温和周年产量比较

注：大写字母不同表示第一季与第二季之和在 0.05 水平上差异显著。

第三节　讨论

一、双季玉米体系两季玉米品种的选择

以往对双季玉米体系的研究多以当地主推的优势玉米品种作为试验材料，验证该体系可否应对当地气候条件变化，进一步挖掘周年产量潜力，提高资源利用效率，并探讨双季玉米体系的高产形成机制。黄淮海平原和长江中游地区地域广阔，区域气候条件差异较大，品种选择性单一，局限性大，不利于双季玉米体系在两地区的大面积推广。在双季玉米体系中，玉米生长发育的环境与传统种植模式相比有所改变。双季玉米第一季于3月中下旬播种，生长初期气温较低，与东北春玉米生长环境相似；第二季于7月中下旬播种，生长初期气温较高，与南方玉米的生长环境相似。因此，为了筛选适宜双季生长且具有生态适应性的品种，本书选取在双季气候相似区域生长的品种，即从北方春玉米区、黄淮海夏玉米区、西南山地玉米区、南方丘陵玉米区选取具有高产、抗病、优质等优良性状的46个玉米杂交品种，进行双季玉米品种生态适应性比较试验，确定在双季玉米体系中适合黄淮海平原和长江中游地区的搭配模式，解决限制双季玉米体系推广的玉米品种选择问题。这对黄淮海平原和长江中游地区双季玉米体系周年产量的提高有较好的理论意义与实际意义。

影响品种选择的较为重要的因素包括区域积温条件和品种表现，所以在筛选过程中，不仅要分析各品种的产量表现，而且要结合各品种在不同生态区所需积温的情况对其进行有针对性的评价。本书根据双季玉米体系在推广中的主要限制因素及已有的研究成果，将不同生态区的玉米品种从播种到成熟所需的有效积温作为聚类分析的目标性状，在黄淮海平原和长江中游地区双季玉米体系中对46个品种进行类别划分。该方法将有效积温较接近的品种聚在一起归为一类，根据聚类结果和品种表现，在第一季和第二季分别将46个品种分为高有效积温型（H）、中有效积温型（M）和低有效积温型（L）。L类别品种多来自北方春玉米区（高纬度地区）；M类别品种多来自黄淮海夏玉米区（中纬度地

区）；H 类别品种多来自西南山地玉米区和南方丘陵玉米区（低纬度地区）。

二、双季玉米体系不同类别品种的生态适应性

对于双季玉米体系不同类别品种的稳定性和适应性，我们通过其在同一区域内对不同生长季的气候条件等生态条件的反应来衡量。品种的稳定性和适应性就是品种自身的生物学特性对其生长环境的生态条件变化的反应程度。

本书通过研究不同类别品种在黄淮海平原和长江中游地区对两季不同生态条件的反应，进一步衡量其生态适应性。黄淮海平原双季玉米体系不同搭配模式的周年产量表现为 HH > MH > LH > HM > MM > HL > LM > ML > LL，且差异显著；周年有效积温表现为 HH > HM > MH > HL > MM > LH > ML > LM > LL。以黄淮海平原周年有效积温为 2 852 ℃作为对照，得出 HL、MM、LH、ML、LM 和 LL 可以在黄淮海平原种植。其中，LH、MM、HL 的周年产量较高，且所需周年有效积温分别占该地区周年积温的 95.1%、96.9%、98.5%，周年产量和周年有效积温利用效率均高于 ML、LM、LL。在适宜的双季玉米体系中，LH 的周年产量最高，该研究结果与 Meng 等人利用 Hybrid - Maize 模型模拟、分析得出的结果一致。其原因可能是：在双季玉米体系中，L 类别品种来自高纬度地区，能适应春季低温的环境，且有较短的生育期，可以为第二季玉米的生长发育提供充足的时间和最佳的生长环境；H 类别品种来自低纬度地区，更能适应高温环境，可以为第二季作物的产量提高提供保障。可见，在黄淮海平原，第一季可以选择 L 类别品种，第二季可以选择 H 类别品种，从而满足不同生长季的生态条件要求，充分发挥 C4 玉米的高产、高光效等优势，有利于进一步提高黄淮海平原双季玉米的周年产量。

长江中游地区双季玉米体系不同搭配模式的周年产量表现为 HH > MH > LH > HM > MM > HL > LM > ML > LL，且差异显著；周年有效积温表现为 HH > HM > MH > MM > LH > HL > LM > ML > LL。以长江中游地区周年有效积温为 2 967 ℃作为对照，得出 HM、MH、MM、HL、LH、ML、LM 和 LL 可以在长江中游地区种植。其中，LH、MM、MH、HM 的周年产量较高，且所需周年有效积温分别占该地区周年有效积温的 94.5%、94.8%、97.0%、98.3%，周年产量和周年有效积温利用效率均高于 HL、ML、LM、LL。在适宜的双季玉米体系中，HM 的周

年产量和周年有效积温利用效率最高。长江中游地区第一季玉米苗期温度较低,降水量较大,生育后期高温催熟;第二季玉米苗期高温干旱,生育期缩短,灌浆期低温多雨。H类别品种来自低纬度地区,在第一季、第二季的产量均高于M类别品种和L类别品种,可见H类别品种更能适应长江中游地区高温、高湿的生长环境;L类别品种大部分来自高纬度地区,但不太能适应第二季苗期高温干旱、花期高温、灌浆期低温多雨的生长环境,与L类别品种相比,M类别品种更能适应第二季的生长环境。因此,在长江中游地区,第一季可以选择H类别品种,第二季可以选择M类别品种,这样更有利于稻田双季玉米高产潜力的提升。

第四节　小结

为充分发挥C4玉米的高光效、高物质生产能力等优势,我们对我国两熟及多熟生态区双季玉米体系季间搭配模式进行探索。在黄淮海平原和长江中游地区,我们根据各品种在两季所需的有效积温对其进行聚类分析,并结合周年有效积温和双季玉米体系不同搭配模式的周年产量及周年有效积温利用效率,确定黄淮海平原和长江中游地区双季玉米体系两季适宜的搭配模式:黄淮海平原为LH、MM、HL;长江中游地区为LH、MM、MH、HM。在不同的生态环境条件下,在两季选择适宜的品种类别进行搭配,是安全生产和建立可持续技术体系的保障,有利于发挥我国两熟及多熟生态区双季玉米体系的高产高效潜力,从而为我国两熟及多熟生态区周年高产高效种植模式的建立提供理论依据。

第三章　双季玉米体系资源优化配置与利用特征

黄淮海平原与长江中游地区是我国典型的两熟及多熟生态区，有丰富的生态资源，合理利用生态资源是两地区作物产量形成的基础。在气候变暖和种植面积不变的情况下，虽然提高作物单产能满足不断增长的粮食需求，但是目前作物单产水平已相对较高，进一步提升的难度较大。双季玉米体系具有光温生产效率高、经济效益好等优点，优化双季玉米体系季间的资源配置是提高双季玉米体系资源利用效率的关键，对实现两地区的稳产、增产意义重大。

王美云对热量限制两熟区双季青贮玉米模式及其技术体系的研究表明，两季不同熟期品种的配置可以使玉米的生长发育与自然资源的变化同步协调。与冬小麦－夏玉米模式相比，双季玉米体系年干物质生产效率提高10.3%，光、温、水资源利用效率分别提高12.5%、22.5%、36.3%，能够实现周年光、温、水资源的高效利用。蔡庆红对南方稻区双季玉米周年高产的播期与品种搭配效应的研究表明，获得最高光、温资源利用效率的两季品种搭配模式为，第一季采用3月22日播种的晚熟品种，第二季搭配早熟或晚熟品种，两季光、温资源利用效率分别为7.25%、5.95%。

前文我们分析了不同生态区品种在双季玉米体系中对两地区气候条件的适应性，并探讨了搭配模式及品种选择原则。然而，在适宜的搭配模式下，不同生态区双季玉米体系周年生态资源的配置、利用特征及其与周年产量的关系尚不明确，且对于资源优化配置尚缺乏系统的理论指导和定量化的评价指标。为了充分利用我国两熟及多熟生态区的光、温、水资源，提高双季玉米体系的周年产量，需要明确两季生态资源的动态变化特征，进一步对两季的生态资源进行合理配置，提高不同类别品种与生态资源变化的契合度，充分发挥 C4 玉米的高产、高光效等优势。

本章对 2015 ~ 2017 年黄淮海平原和长江中游地区双季玉米体系适宜搭配模式两季的光、温、水资源进行定量化的比较、分析，明确季间资源配置与利用特征，建立定量化的评价指标体系。本章的研究结果力求为我国两熟及多熟生态区两季资源的优化配置和双季玉米体系周年高产高效种植模式的建立提供理论依据与技术支持。

第一节　材料与方法

一、试验地概况

试验于 2015 ~ 2017 年在新乡试验基地和武穴试验基地进行。其他试验地概况同第二章。

二、试验设计

试验均采用随机区组设计，从每个类别中选取产量高、综合表现好的 2 个品种为试验材料。新乡试验基地试验材料：第一季为 L 类别品种（吉单 27 和德美亚 1 号）、M 类别品种（吉祥 1 号和联创 3 号）和 H 类别品种（成单 30 和荃玉 9 号）；第二季为 L 类别品种（兴垦 10 和德美亚 3 号）、M 类别品种（郑单 958 和吉祥 1 号）和 H 类别品种（宜单 629 和浚单 22）。武穴试验基地试验材料：第一季为 L 类别品种（兴垦 6 号和德美亚 2 号）、M 类别品种（郑单 958 和吉单 27）和 H 类别品种（荃玉 9 号和仲玉 3 号）；第二季为 M 类别品种（吉祥 1 号和联创 3 号）和 H 类别品种（浚单 22 和郑单 958）。其他试验设计同第二章。

三、测定项目与方法

(一)气象数据

同第二章。

(二)生育时期

同第二章。

(三)季间生态资源分配率与生态资源分配比值计算

为了定量化地评价双季玉米体系季间生态资源分配,生态资源分配率和生态资源分配比值计算如下。

有效积温分配率 = 季内有效积温/周年有效积温

太阳辐射分配率 = 季内太阳辐射量/周年太阳辐射量

降水分配率 = 季内降水量/周年降水量

有效积温比值 = 第一季有效积温/第二季有效积温

太阳辐射量比值 = 第一季太阳辐射量/第二季太阳辐射量

降水量比值 = 第一季降水量/第二季降水量

其中,有效积温和太阳辐射量的计算同第二章。

2015 ~ 2017 年两地区玉米播种期到成熟期逐日生态因子变化如图 3 - 1 所示。

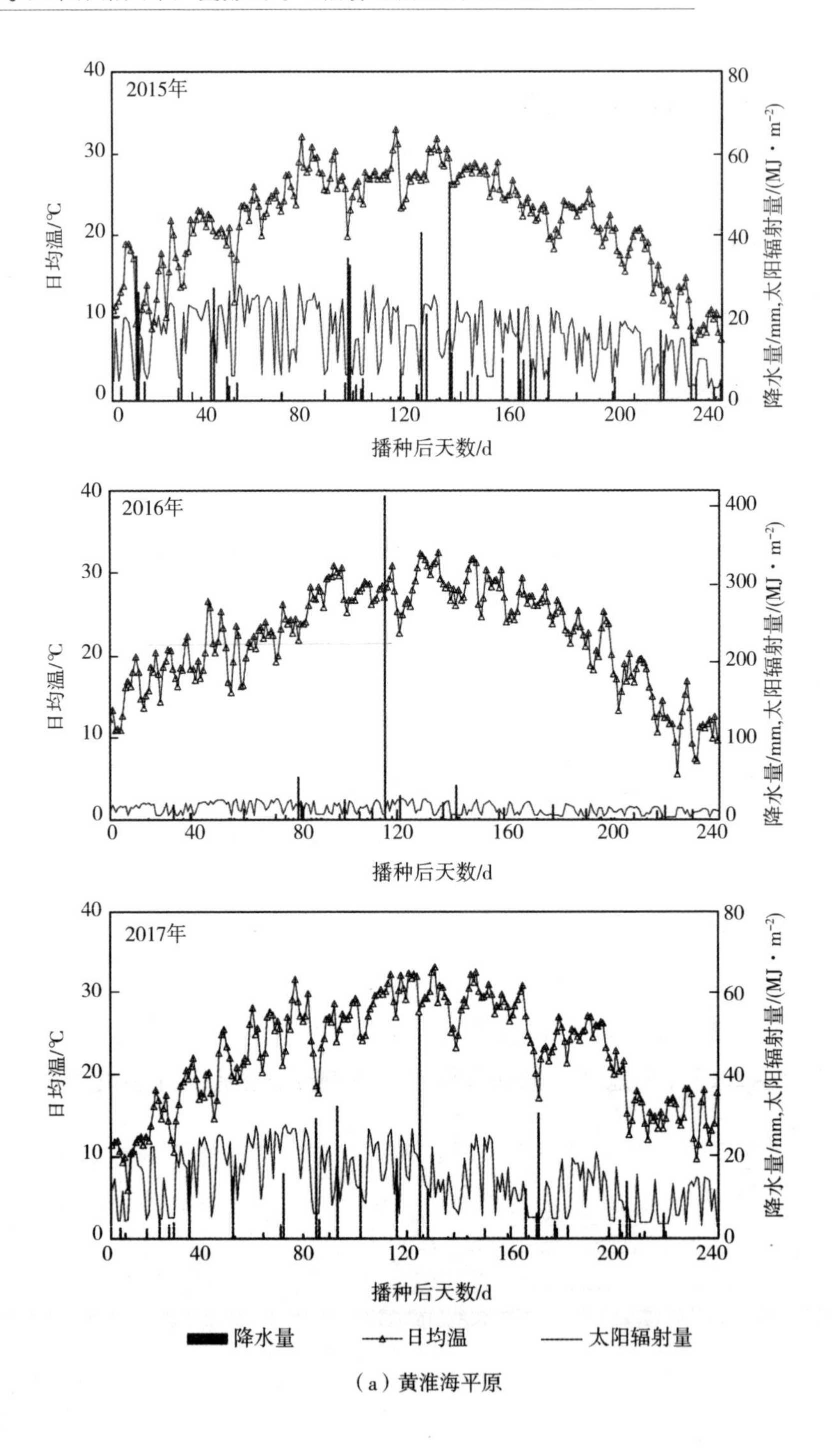

(a) 黄淮海平原

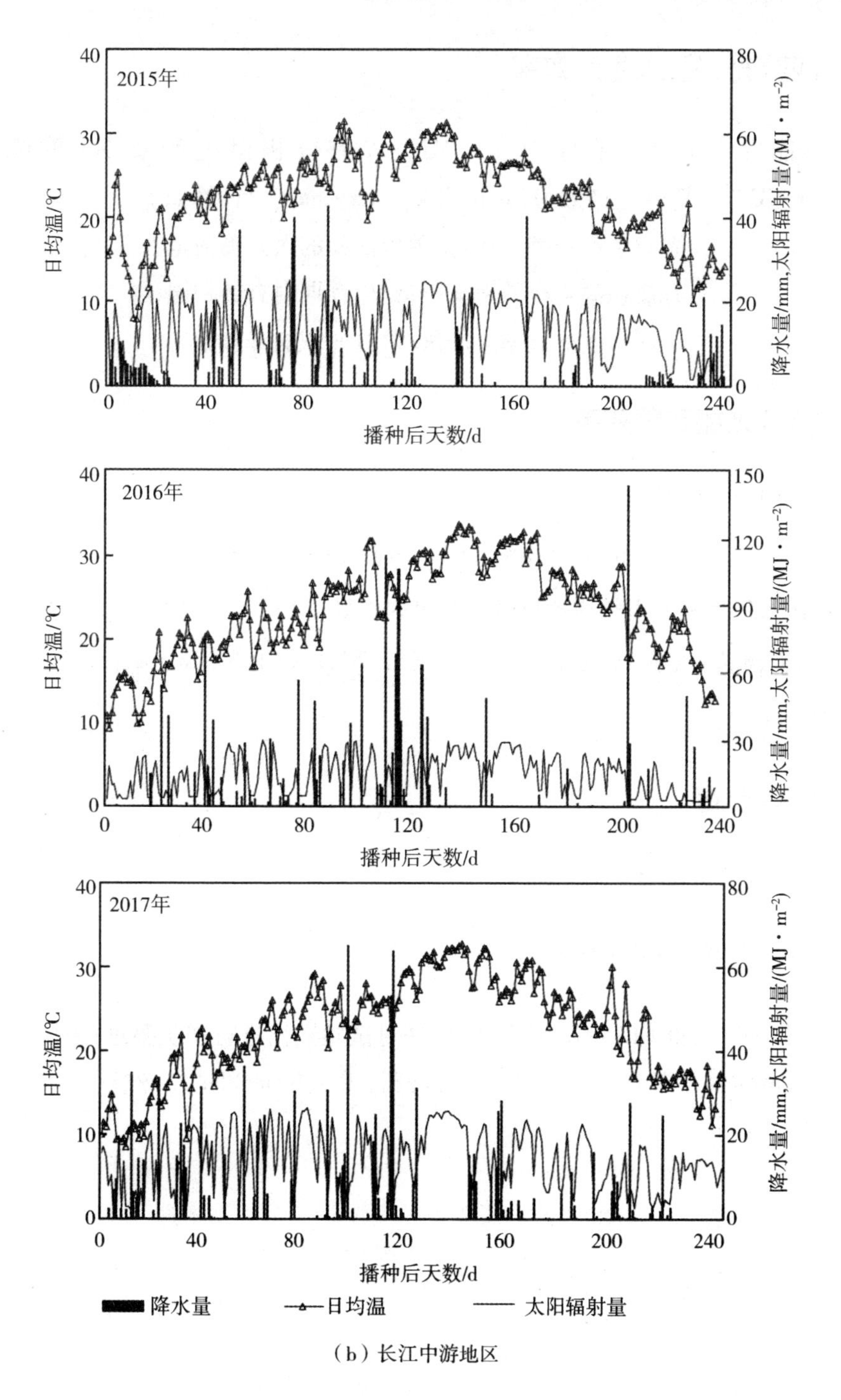

(b) 长江中游地区

图 3-1 2015~2017 年两地区玉米播种期到成熟期逐日生态因子变化

(四)光、温、水生产效率

光能生产效率(单位为 g · MJ^{-1})、有效积温生产效率(单位为 kg · ha · $℃^{-1}$)、降水生产效率(单位为 kg · ha · mm^{-1})计算如下。

光能生产效率 = 产量/单位面积的太阳辐射量

有效积温生产效率 = 产量/生育期内有效积温

降水生产效率 = 产量/单位面积的降水量

(五)光能利用效率

光能利用效率计算如下。

$$光能利用效率 = (W \times H) / \sum Q \times 100\%$$

其中,H 为每克玉米干物质燃烧时释放出的热量,为 1.807×10^4 J · g^{-1};W 为测定期间干物质的增加量(单位为 kg · m^{-2});$\sum Q$ 为同时期的太阳辐射量(单位为 MJ · m^{-2})。

(六)产量

产量计算方法参见第二章。

(七)数据处理与分析

采用 Microsoft Office Excel 2003 软件对试验数据进行初步整理;采用 SPSS 16.0、Statistic 9.0 软件对数据进行统计分析;采用 SigmaPlot 12.5 软件作图。

第二节　结果与分析

一、双季玉米体系适宜搭配模式产量

（一）黄淮海平原双季玉米体系适宜搭配模式产量

不同生长季的玉米的产量在不同年份和不同搭配模式下存在显著差异，黄淮海平原双季玉米体系适宜搭配模式产量如图 3－2 所示。2015 年和 2017 年，3 种搭配模式的周年产量比 2016 年提高 13%～20%。2015～2017 年，在 3 种搭配模式中，LH 的周年产量最高，其次是 MM，HL 的周年产量最低。2015～2017 年，LH 的周年产量分别为 20.7 $Mg \cdot ha^{-1}$、18.2 $Mg \cdot ha^{-1}$、20.7 $Mg \cdot ha^{-1}$，分别比 MM 高 7.3%、7.4%、7.6%，比 HL 高 22.5%、20.2%、14.4%。2015 年第一季，3 种搭配模式的产量差异不显著。2016 年和 2017 年，HL 第一季的产量分别为 11.6 $Mg \cdot ha^{-1}$和 11.4 $Mg \cdot ha^{-1}$，分别比 LH 高 7.5%和 5.3%。但是，2016 年和 2017 年第一季，HL 与 MM 以及 MM 与 LH 的产量无显著差异。2015～2017 年第一季，LH 的产量最高，其次是 MM，HL 的产量最低。2015～2017 年第二季，LH 的产量分别为 10.0 $Mg \cdot ha^{-1}$、7.3 $Mg \cdot ha^{-1}$、9.9 $Mg \cdot ha^{-1}$，分别比 MM 高 13.1%、29.5%、20.6%，比 HL 高 64.5%、111.2%、47.5%。此外，3 种搭配模式的周年产量与第二季产量显著正相关（相关系数 $r=0.97^{**}$），这表明第二季产量是影响双季玉米体系周年产量的主要因素。

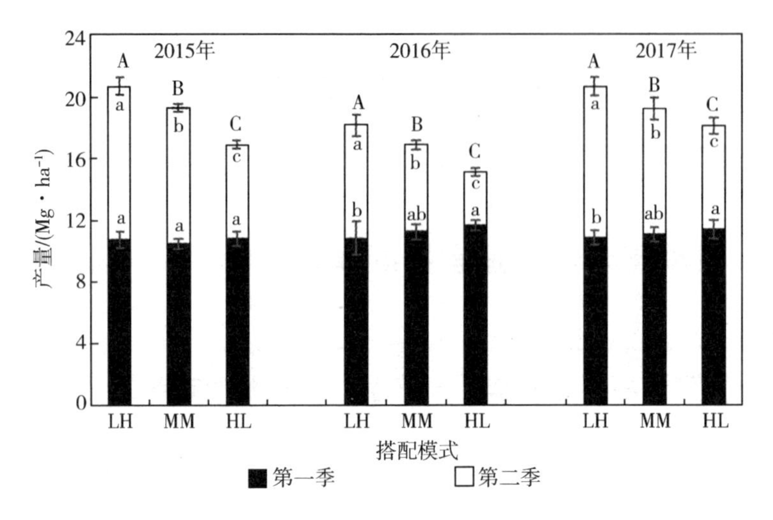

图 3－2　黄淮海平原双季玉米体系适宜搭配模式产量

注:小写字母不同表示第一季和第二季在 0.05 水平上差异显著;大写字母不同表示第一季与第二季之和在 0.05 水平上差异显著。

(二)长江中游地区双季玉米体系适宜搭配模式产量

长江中游地区双季玉米体系适宜搭配模式产量如图 3－3 所示。2015 年和 2017 年,4 种搭配模式的周年产量分别比 2016 年提高 38%~62% 和 12%~17%。2015~2017 年,在 4 种搭配模式中,HM 的周年产量最高,其次是 MM 和 MH,LH 的周年产量最低。2015~2017 年, HM 的周年产量分别为 22.5 Mg·ha^{-1}、16.3 Mg·ha^{-1}、18.8 Mg·ha^{-1},分别比 MM 高 3.9%、11.4%、10.1%,比 MH 高 3.5%、13.3%、13.0%,比 LH 高 10.5%、29.8%、33.3%。2015~2017 年第一季,HM 的产量分别为 10.6 Mg·ha^{-1}、6.5 Mg·ha^{-1}、11.4 Mg·ha^{-1},分别比 MM 高 8.6%、17.3%、13.9%,比 MH 高 8.6%、17.3%、13.9%,比 LH 高 26.6%、28.5%、27.2%。2015~2017 年第一季,MM 和 MH 的产量无显著差异。2015 年第二季,4 种搭配模式的产量差异不显著。2016 年和 2017 年第二季,HM 的产量最高,其次是 MM 和 MH,LH 的产量最低。2016 年和 2017 年第二季,HM 的产量分别为 9.8 Mg·ha^{-1}、10.1 Mg·ha^{-1},分别比 MM 高 7.9%、7.0%,比 MH 高 10.9%、12.3%,比 LH 高 30.6%、39.2%。

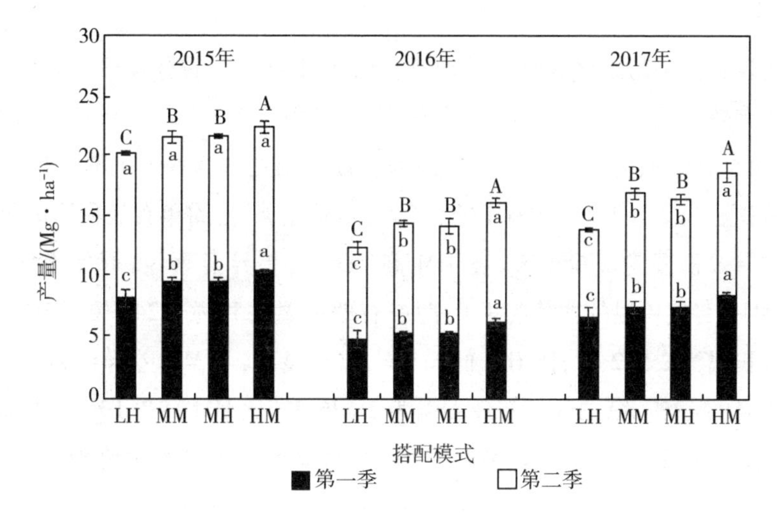

图3-3 长江中游地区双季玉米体系适宜搭配模式产量

注:小写字母不同表示第一季和第二季在0.05水平上差异显著;大写字母不同表示第一季与第二季之和在0.05水平上差异显著。

二、双季玉米体系适宜搭配模式周年生态资源分配

(一)不同生态区双季玉米体系适宜搭配模式周年有效积温分配

2015~2017年黄淮海平原和长江中游地区双季玉米体系适宜搭配模式有效积温分配见表3-1。比较黄淮海平原3年的平均值发现:LH第一季的有效积温为2 485 ℃,占周年有效积温的48%;第二季的有效积温为2 667 ℃,占周年有效积温的52%;两季有效积温的比值(两季比)为0.9;两季有效积温之和为5 152 ℃。MM第一季的有效积温为2 642 ℃,比LH高6.3%,差异显著,占周年有效积温的50%;第二季的有效积温为2 600 ℃,比LH低2.5%,差异显著,占周年有效积温的50%;两季有效积温的比值为1.0;两季有效积温之和为5 242 ℃;两季的有效积温基本均等分配。HL第一季的有效积温为3 016 ℃,分别比MM、LH高14.2%、21.4%,差异显著,占周年有效积温的58%;第二季的有效积温为2 211 ℃,分别比MM、LH第二季低15.0%、17.1%,差异显著,占周年有效积温的42%;两季有效积温的比值为1.4;两季有效积温之和为

5 227 ℃。

比较长江中游地区3年的平均值发现:HM第一季的有效积温为2 753 ℃,占周年有效积温的52%;第二季的有效积温为2 571 ℃,占周年有效积温的48%;两季有效积温的比值为1.1;两季有效积温之和为5 324 ℃。MH第一季的有效积温为2 562 ℃,比HM低6.9%,差异显著,占周年有效积温的49%;第二季的有效积温为2 686 ℃,比HM高4.5%,差异显著,占周年有效积温的51%;两季有效积温的比值为1.0;两季有效积温之和为5 248 ℃。MM第一季的有效积温为2 562 ℃,比HM低6.9%,差异显著,与MH差异不显著,占周年有效积温的49%;第二季的有效积温为2 626 ℃,比HM高2.1%,差异显著,与MH差异不显著,占周年有效积温的51%;两季有效积温的比值为1.0;两季有效积温之和为5 188 ℃。LH第一季的有效积温为2 329 ℃,比HM低15.4%,差异显著,比MH和MM低9.1%,差异显著,占周年有效积温的46%;第二季的有效积温为2 761 ℃,分别比HM、MH、MM高7.4%、2.8%、5.1%,差异显著,占周年有效积温的54%;两季有效积温的比值为0.8;两季有效积温之和为5 090 ℃。

表3-1　2015~2017年黄淮海平原和长江中游地区双季玉米体系适宜搭配模式有效积温分配

地区	年份	搭配模式	第一季		第二季		周年	
			有效积温/℃	分配率/%	有效积温/℃	分配率/%	有效积温/℃	两季比
黄淮海平原	2015	LH	2 427	48	2 605	52	5 032	0.9
		MM	2 574	50	2 579	50	5 153	1.0
		HL	2 902	57	2 219	43	5 121	1.3
	2016	LH	2 470	48	2 702	52	5 172	0.9
		MM	2 668	51	2 615	49	5 283	1.0
		HL	3 106	59	2 189	41	5 295	1.4
	2017	LH	2 557	49	2 695	51	5 252	0.9
		MM	2 684	51	2 607	49	5 291	1.0
		HL	3 041	58	2 224	42	5 265	1.4
	平均值	LH	2 485[c]	48[c]	2 667[a]	52[a]	5 152[b]	0.9[c]
		MM	2 642[b]	50[b]	2 600[b]	50[b]	5 242[a]	1.0[b]
		HL	3 016[a]	58[a]	2 211[c]	42[c]	5 227[a]	1.4[a]

续表

地区	年份	搭配模式	第一季		第二季		周年	
			有效积温/℃	分配率/%	有效积温/℃	分配率/%	有效积温/℃	两季比
长江中游地区	2015	LH	2 358	47	2 626	53	4 984	0.9
		MM	2 536	49	2 604	51	5 140	1.0
		MH	2 536	49	2 690	51	5 226	0.9
		HM	2 676	50	2 635	50	5 311	1.0
	2016	LH	2 329	47	2 652	53	4 981	0.9
		MM	2 575	49	2 631	51	5 206	1.0
		MH	2 575	49	2 666	51	5 241	1.0
		HM	2 770	52	2 533	48	5 303	1.1
	2017	LH	2 301	43	3 005	57	5 306	0.8
		MM	2 575	49	2 644	51	5 219	1.0
		MH	2 575	49	2 702	51	5 277	1.0
		HM	2 815	53	2 545	47	5 360	1.1
	平均值	LH	2 329[c]	46[c]	2 761[a]	54[a]	5 090[c]	0.8[c]
		MM	2 562[b]	49[b]	2 626[bc]	51[bc]	5 188[b]	1.0[b]
		MH	2 562[b]	49[b]	2 686[b]	51[b]	5 248[b]	1.0[b]
		HM	2 753[a]	52[a]	2 571[c]	48[c]	5 324[a]	1.1[a]

注:小写字母不同表示在0.05水平上差异显著。

(二)不同生态区双季玉米体系适宜搭配模式周年太阳辐射量分配

2015~2017年黄淮海平原和长江中游地区双季玉米体系适宜搭配模式太阳辐射量分配见表3-2。比较黄淮海平原3年的平均值发现:LH的周年太阳辐射量为3 399 MJ·m^{-2};第一季的太阳辐射量为1 911 MJ·m^{-2},占周年太阳辐射量的56%;第二季的太阳辐射量为1 488 MJ·m^{-2},占周年太阳辐射量的44%;两季太阳辐射量的比值为1.3。MM的周年太阳辐射量为3 464 MJ·m^{-2};第一季的太阳辐射量为2 023 MJ·m^{-2},比LH大5.9%,差异显著,占周年太阳辐射量的58%;第二季的太阳辐射量为1 441 MJ·m^{-2},比LH第二季小3.2%,差异不显著,占周年太阳辐射量的42%;两季太阳辐射量的比值为1.4。HL的周年太阳辐射量为3 449 MJ·m^{-2};第一季的太阳辐射量为2 230 MJ·m^{-2},分别比LH、MM大16.7%、10.2%,差异显著,占周年太阳辐射量的65%;第二季的太阳辐射量为1 219 MJ·m^{-2},分别比LH、MM小18.1%、15.4%,差异显著,占周年太阳辐射量的35%;两季太阳辐射量的比值为1.8。

比较长江中游地区3年的平均值发现:HM的周年太阳辐射量为3 325 MJ·m^{-2};第一季的太阳辐射量为1 791 MJ·m^{-2},占周年太阳辐射量的54%;第二季的太阳辐射量为1 534 MJ·m^{-2},占周年太阳辐射量的46%;两季太阳辐射量的比值为1.2。MH的周年太阳辐射量为3 282 MJ·m^{-2};第一季的太阳辐射量为1 658 MJ·m^{-2},比HM小7.4%,差异显著,占周年太阳辐射量的51%;第二季的太阳辐射量为1 624 MJ·m^{-2},比HM大5.9%,差异显著,占周年太阳辐射量的49%;两季太阳辐射量的比值为1.0。MM的周年太阳辐射量为3 256 MJ·m^{-2};第一季的太阳辐射量为1 658 MJ·m^{-2},比HM小7.4%,差异显著,与MH差异不显著,占周年太阳辐射量的51%;第二季的太阳辐射量为1 598 MJ·m^{-2},比HM大4.2%,差异显著,比MH小1.6%,差异不显著,占周年太阳辐射量的49%;两季太阳辐射量的比值为1.0。LH的周年太阳辐射量为3 215 MJ·m^{-2};第一季的太阳辐射量为1 525 MJ·m^{-2},分别比HM、MH、MM小14.9%、8.0%、8.0%,差异显著,占周年太阳辐射量的47%;第二季太阳辐射量为1 690 MJ·m^{-2},分别比HM、MH、MM大10.2%、4.1%、5.8%,差异显著,占周年太阳辐射量的53%;两季太阳辐射量的比值为0.9。

表 3-2 2015～2017 年黄淮海平原和长江中游地区双季玉米体系适宜搭配模式太阳辐射量分配

地区	年份	搭配模式	第一季		第二季		周年	
			太阳辐射量/(MJ·m^{-2})	分配率/%	太阳辐射量/(MJ·m^{-2})	分配率/%	太阳辐射量/(MJ·m^{-2})	两季比
黄淮海平原	2015	LH	1 920	53	1 692	47	3 612	1.1
		MM	2 002	55	1 661	45	3 663	1.2
		HL	2 221	61	1 401	39	3 622	1.6
	2016	LH	1 799	56	1 433	44	3 232	1.3
		MM	1 968	59	1 384	41	3 352	1.4
		HL	2 211	66	1 149	34	3 360	1.9
	2017	LH	2 014	60	1 339	40	3 353	1.5
		MM	2 099	62	1 278	38	3 377	1.6
		HL	2 259	67	1 108	33	3 367	2.0
	平均值	LH	1 911^{c}	56^{c}	1 488^{a}	44^{a}	3 399^{a}	1.3^{c}
		MM	2 023^{b}	58^{b}	1 441^{a}	42^{a}	3 464^{a}	1.4^{b}
		HL	2 230^{a}	65^{a}	1 219^{b}	35^{c}	3 449^{a}	1.8^{a}
长江中游地区	2015	LH	1 438	47	1 652	53	3 090	0.9
		MM	1 529	48	1 624	52	3 153	0.9
		MH	1 529	48	1 645	52	3 174	0.9
		HM	1 597	50	1 613	50	3 210	1.0
	2016	LH	1 488	47	1 709	53	3 197	0.9
		MM	1 649	50	1 622	50	3 271	1.0
		MH	1 649	50	1 630	50	3 279	1.0
		HM	1 779	54	1 537	46	3 316	1.2
	2017	LH	1 650	49	1 709	51	3 359	1.0
		MM	1 795	54	1 549	46	3 344	1.2
		MH	1 795	53	1 598	47	3 393	1.1
		HM	1 998	58	1 451	42	3 449	1.4

续表

地区	年份	搭配模式	第一季		第二季		周年	
			太阳辐射量/(MJ · m^{-2})	分配率/%	太阳辐射量/(MJ · m^{-2})	分配率/%	太阳辐射量/(MJ · m^{-2})	两季比
长江中游地区	平均值	LH	1 525[c]	47[c]	1 690[a]	53[a]	3 215[b]	0.9[c]
		MM	1 658[b]	51[b]	1 598[b]	49[b]	3 256[b]	1.0[b]
		MH	1 658[b]	51[b]	1 624[b]	49[b]	3 282[ab]	1.0[b]
		HM	1 791[a]	54[a]	1 534[c]	46[c]	3 325[a]	1.2[a]

注:小写字母不同表示在 0.05 水平上差异显著。

(三)不同生态区双季玉米体系适宜搭配模式周年降水量分配

2015 ~ 2017 年黄淮海平原和长江中游地区双季玉米体系适宜搭配模式降水量分配见表 3 - 3。比较黄淮海平原 3 年的平均值发现:LH 的周年降水量为 586 mm;第一季的降水量为 350 mm,占周年降水量的 60%;第二季的降水量为 236 mm,占周年降水量的 40%;两季降水量的比值为 1.5。MM 的周年降水量为 584 mm;第一季的降水量为 377 mm,占周年降水量的 65%,与 LH 差异不显著;第二季的降水量为 206 mm,占周年降水量的 35%,与 LH 差异不显著;两季降水量的比值为 1.8。HL 的周年降水量为 587 mm;第一季的降水量为 422 mm,占周年降水量的 72%,与 LH 和 MM 差异不显著;第二季的降水量为 165 mm,占周年降水量的 28%,分别比 LH、MM 小 30.1%、19.9%,差异显著;两季降水量的比值为 2.6。

表 3-3 2015~2017 年黄淮海平原和长江中游地区双季玉米体系适宜搭配模式降水量分配

地区	年份	搭配模式	第一季		第二季		周年	
			降水量/mm	分配率/%	降水量/mm	分配率/%	降水量/mm	两季比
黄淮海平原	2015	LH	234	44	294	56	528	0.8
		MM	243	45	296	55	539	0.8
		HL	310	57	238	43	548	1.3
	2016	LH	626	73	230	27	856	2.7
		MM	670	78	193	22	863	3.5
		HL	694	83	143	17	837	4.9
	2017	LH	191	51	184	49	375	1.0
		MM	219	63	130	37	349	1.7
		HL	261	70	113	30	374	2.3
	平均值	LH	350[a]	60[c]	236[a]	40[a]	586[a]	1.5[b]
		MM	377[a]	65[ab]	206[a]	35[ab]	584[a]	1.8[ab]
		HL	422[a]	72[a]	165[b]	28[b]	587[a]	2.6[a]
长江中游地区	2015	LH	455	73	166	27	621	2.7
		MM	460	72	182	28	642	2.5
		MH	460	66	234	34	694	2.0
		HM	472	67	233	33	705	2.0
	2016	LH	1 061	72	414	28	1 475	2.6
		MM	1 170	75	389	25	1 559	3.0
		MH	1 170	74	404	26	1 574	2.9
		HM	1 206	75	401	25	1 607	3.0
	2017	LH	687	61	446	39	1 133	1.5
		MM	763	73	281	27	1 044	2.7
		MH	763	73	281	27	1 044	2.7
		HM	763	73	281	27	1 044	2.7
	平均值	LH	734[a]	68[b]	342[a]	32[a]	1 076[a]	2.1[b]
		MM	798[a]	74[a]	284[a]	26[b]	1 082[a]	2.8[a]
		MH	798[a]	72[a]	306[a]	28[ab]	1 104[a]	2.6[ab]
		HM	814[a]	73[a]	305[a]	27[ab]	1 119[a]	2.7[a]

注:小写字母不同表示在 0.05 水平上差异显著。

比较长江中游地区3年的平均值发现：HM的周年降水量为1 119 mm；第一季的降水量为814 mm，占周年降水量的73%；第二季的降水量为305 mm，占周年降水量的27%；两季降水量的比值为2.7。MH的周年降水量为1 104 mm；第一季的降水量为798 mm，占周年降水量的72%，与HM差异不显著；第二季的降水量为306 mm，占周年降水量的28%，与HM差异不显著；两季降水量的比值为2.6。MM的周年降水量为1 082 mm；第一季的降水量为798 mm，占周年降水量的74%，与HM、MH差异不显著；第二季的降水量为284 mm，占周年降水量的26%，与HM、MH差异不显著；两季降水量的比值为2.8。LH的周年降水量为1 076 mm；第一季的降水量为734 mm，占周年降水量的68%，与HM、MH、MM差异不显著；第二季的降水量为342 mm，占周年降水量的32%，与HM、MH、MM差异不显著；两季降水量的比值为2.1。

三、双季玉米体系不同类别品种产量形成与生态资源的关系

（一）黄淮海平原双季玉米体系不同类别品种产量形成与生态资源的关系

由图3－4(a)可以看出，黄淮海平原双季玉米体系第一季不同类别品种产量达10.0 Mg·ha^{-1}以上对光、温、水资源的基本要求为当季有效积温在2 410.1 ℃以上、太阳辐射量在1 780.9 MJ·m^{-2}以上、降水量为191.3～670.4 mm。其中，不同类别品种的产量(y)与有效积温(x)线性相关($y=0.001\,2x+7.870\,6$)，即有效积温为2 410.1～3 134.5 ℃时，不同类别品种的产量随有效积温的增加而上升；不同类别品种的产量(y)与太阳辐射量(x)线性相关($y=0.001\,4x+8.220\,8$)，即太阳辐射量为1 780.9～2 277.5 MJ·m^{-2}时，不同类别品种的产量随太阳辐射量的增加而上升；不同类别品种的产量(y)与降水量(x)线性相关($y=0.000\,8x+10.692\,0$)，即降水量为191.3～694.3 mm时，不同类别品种的产量随降水量的增加而上升，当降水量为694.3 mm时，产量达到最高，为12.03 Mg·ha^{-1}。2016年7月单日降水量高达414 mm，若不计2016年的降水量，则不同类别品种的产量与降水量(2015年和2017年)无相关关系。

由图3－4(b)可以看出,黄淮海平原双季玉米体系第二季不同类别品种产量达6.75 Mg · ha^{-1}以上对光、温、水资源的基本要求为当季有效积温为2 246～2 731 ℃、太阳辐射量为1 324 MJ · m^{-2}以上、降水量为184.3～295.6 mm。其中,不同类别品种的产量(y)与有效积温(x)线性相关($y=0.006\ 8x-9.624\ 9$),即有效积温为2 183.2～2 731.0 ℃时,不同类别品种的产量随有效积温的增加而上升;不同类别品种的产量(y)与太阳辐射量(x)线性相关($y=0.006\ 5x-1.699\ 3$),即太阳辐射量为1 096.8～1 695.3 MJ · m^{-2}时,不同类别品种的产量随太阳辐射量的增加而上升;不同类别品种的产量(y)与降水量(x)线性相关($y=0.014\ 5x+4.406\ 6$),即降水量为113.4～299.7 mm时,不同类别品种的产量随降水量的增加而上升,当降水量为295.6 mm时,产量达到最高,为10.91 Mg · ha^{-1}。

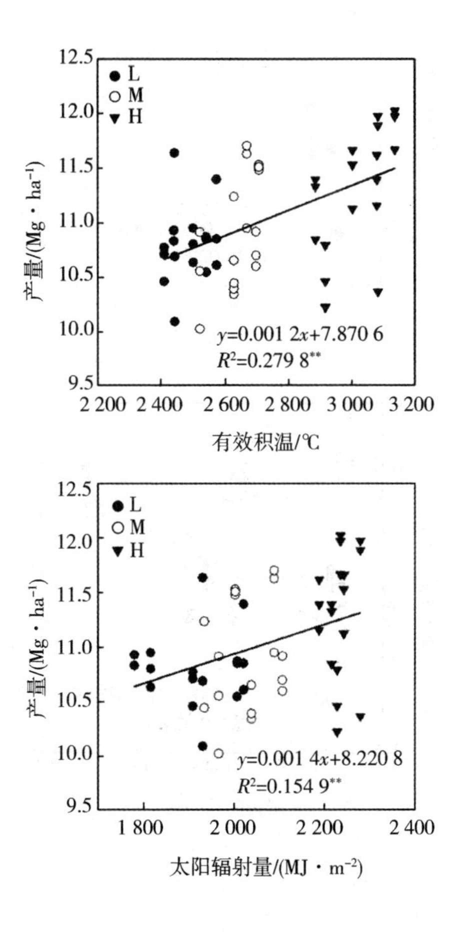

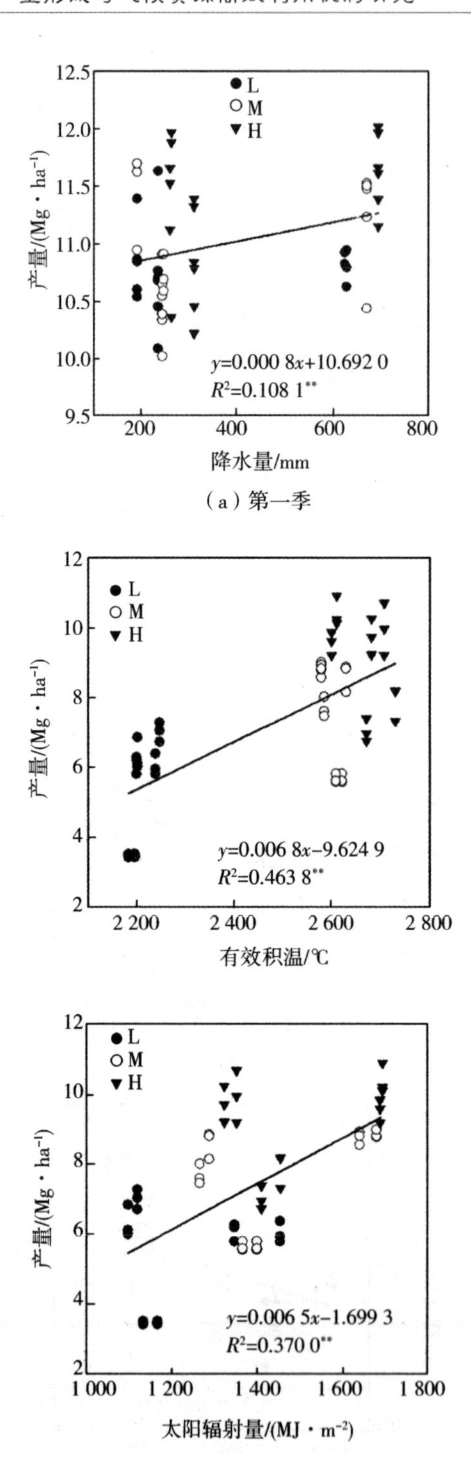

L
M
H
产量/(Mg·ha⁻¹)
降水量/mm
y=0.000 8x+10.692 0
R²=0.108 1**
有效积温/℃
y=0.006 8x-9.624 9
R²=0.463 8**
太阳辐射量/(MJ·m⁻²)
y=0.006 5x-1.699 3
R²=0.370 0**

（a）第一季

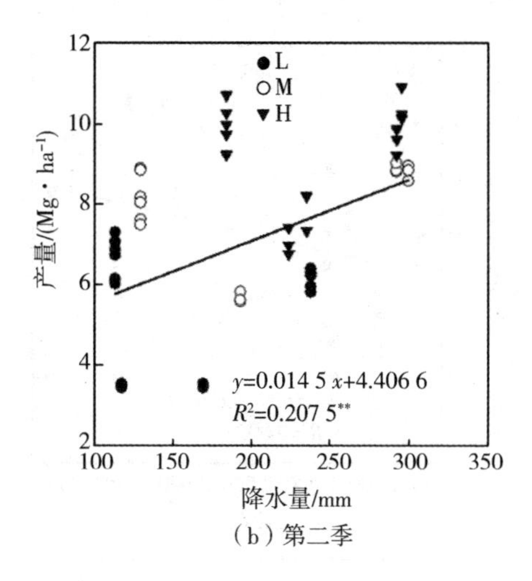

(b)第二季

图3-4 两季不同类别品种的产量与生态资源的关系(黄淮海平原)

注:R^2 为决定系数;** 表示在0.01水平上相关显著。

(二)长江中游地区双季玉米体系不同类别品种产量形成与生态资源的关系

由图3-5(a)可以看出,长江中游地区双季玉米体系第一季不同类别品种产量达10.0 Mg·ha^{-1}以上对光、温、水资源的基本要求是当季有效积温在2 648.8 ℃以上、太阳辐射量在1 587.0 MJ·m^{-2}以上、降水量在470.8 mm以下。其中,不同类别品种的产量(y)与有效积温(x)线性相关($y=0.003\ 1x-0.114\ 3$),即有效积温为2 222.2~2 829.1 ℃时,不同类别品种的产量随有效积温的增加而上升;不同类别品种的产量与太阳辐射量无显著相关关系;不同类别品种的产量与降水量显著负相关($y=-0.005\ 3x+11.842\ 8$),即降水量为455.2~1 210.7 mm时,不同类别品种的产量随降水量的增加而下降。

由图3-5(b)可以看出,长江中游地区双季玉米体系第二季不同类别品种的产量(y)与有效积温(x)线性相关($y=-0.006\ 7x+27.765\ 2$),即有效积温为2 532.8~3 017.7 ℃时,不同类别品种的产量随有效积温的增加而下降,当有效积温为2 642.3 ℃时,产量达到最高,为12.34 Mg·ha^{-1};不同类别品种的产量与太阳辐射量无显著相关关系;不同类别品种的产量(y)与降水量(x)线性相关($y=-0.015\ 3x+14.592\ 6$),即降水量为164.4~446.1 mm时,不同类别品种的产量随降水量的增加而下降,当降水量为192.9 mm时,产量达到最高,为12.34 Mg·ha^{-1}。

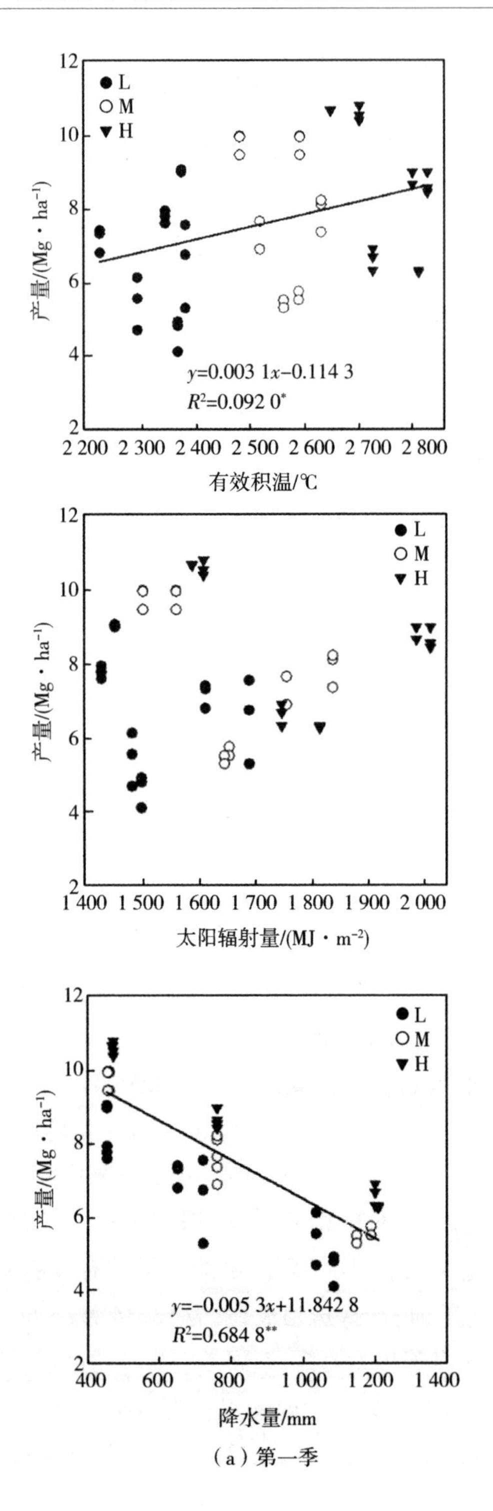

12
10
8
6
4
2
产量/(Mg · ha⁻¹)
L
M
H
y=0.003 1x−0.114 3
R²=0.092 0*
2 200 2 300 2 400 2 500 2 600 2 700 2 800
有效积温/℃
1 400 1 500 1 600 1 700 1 800 1 900 2 000
太阳辐射量/(MJ · m⁻²)
y=−0.005 3x+11.842 8
R²=0.684 8**
400 600 800 1 000 1 200 1 400
降水量/mm

（a）第一季

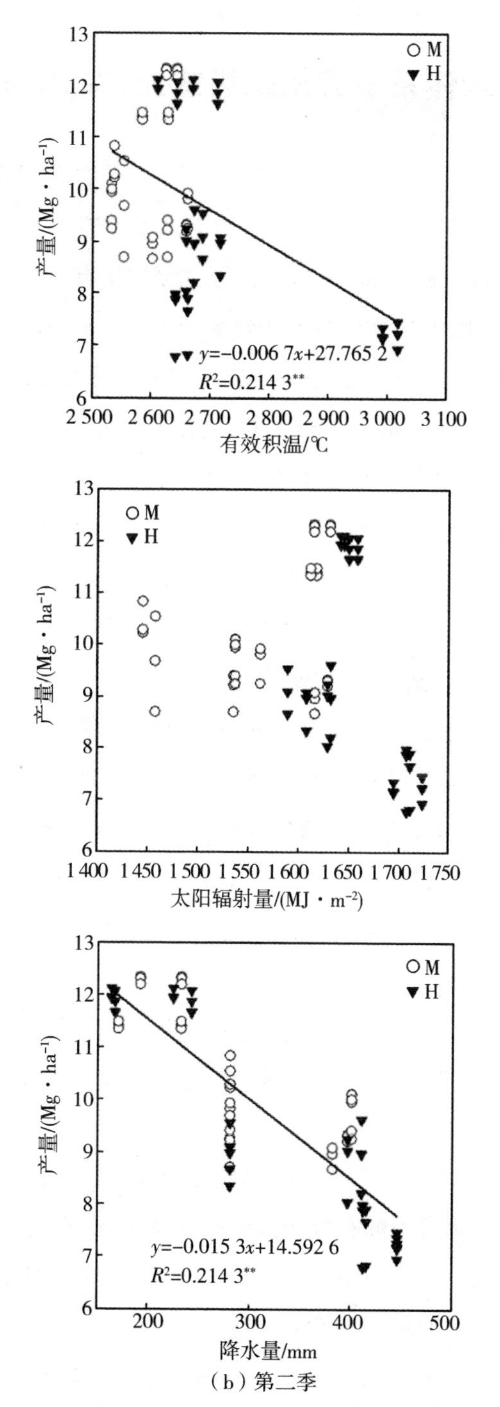

（b）第二季

图 3-5 两季不同类别品种的产量与生态资源的关系(长江中游地区)

注:R^2 为决定系数; * 表示在 0.05 水平上相关显著; ** 表示在 0.01 水平上相关显著。

四、双季玉米体系适宜搭配模式光、温、水资源生产效率

2015～2017年黄淮海平原和长江中游地区适宜搭配模式光、温、水资源生产效率见表3－4。比较黄淮海平原3年的平均值发现：LH第一季的有效积温生产效率为4.35 kg·ha·℃$^{-1}$；第二季的有效积温生产效率为3.40 kg·ha·℃$^{-1}$；周年有效积温生产效率为3.86 kg·ha·℃$^{-1}$。MM第一季的有效积温生产效率为4.14 kg·ha·℃$^{-1}$，比LH低4.8%，差异显著；第二季的有效积温生产效率为2.90 kg·ha·℃$^{-1}$，比LH低14.7%，差异显著；周年有效积温生产效率为3.53 kg·ha·℃$^{-1}$，比LH低8.5%，差异显著。HL第一季的有效积温生产效率为3.75 kg·ha·℃$^{-1}$，分别比LH、MM低13.8%、9.4%，差异显著；第二季的有效积温生产效率为2.44 kg·ha·℃$^{-1}$，分别比LH、MM低28.2%、15.9%，差异显著；周年有效积温生产效率为3.20 kg·ha·℃$^{-1}$，分别比LH、MM低17.1%、9.3%，差异显著。

LH第一季的光能生产效率为0.57 g·MJ^{-1}；第二季的光能生产效率为0.61 g·MJ^{-1}；周年光能生产效率为0.58 g·MJ^{-1}。MM第一季的光能生产效率为0.54 g·MJ^{-1}，比LH低5.3%，差异显著；第二季的光能生产效率为0.53 g·MJ^{-1}，比LH低13.1%，差异显著；周年光能生产效率为0.53 g·MJ^{-1}，比LH低8.6%，差异显著。HL第一季的光能生产效率为0.51 g·MJ^{-1}，分别比LH、MM低10.5%、5.6%，差异显著；第二季的光能生产效率为0.44 g·MJ^{-1}，分别比LH、MM低27.9%、17.0%，差异显著；周年光能生产效率为0.49 g·MJ^{-1}，分别比LH、MM低15.5%、7.5%，差异显著。3种搭配模式两季和周年的降水生产效率差异均不显著。

比较长江中游地区3年的平均值发现：HM第一季的有效积温生产效率为3.10 kg·ha·℃$^{-1}$；第二季的有效积温生产效率为3.97 kg·ha·℃$^{-1}$；周年有效积温生产效率为3.52 kg·ha·℃$^{-1}$。MH第一季的有效积温生产效率为2.99 kg·ha·℃$^{-1}$，比HM低3.5%，差异不显著；第二季的有效积温生产效率为3.69 kg·ha·℃$^{-1}$，比HM低7.1%，差异不显著；周年有效积温生产效率为3.35 kg·ha·℃$^{-1}$，比HM低4.8%，差异不显著。MM第一季的有效积温生产效率为2.99 kg·ha·℃$^{-1}$，比HM低3.5%，与HM、MH的差异均不显著；第二

季的有效积温生产效率为 3. 85 kg · ha · ℃ $^{-1}$,比 HM 低 3. 0%,比 MH 高 4. 3%,差异均不显著;周年有效积温生产效率为 3. 42 kg · ha · ℃ $^{-1}$,比 HM 低 2. 8%,比 MH 高 2. 1%,差异均不显著。LH 第一季的有效积温生产效率为 2. 90 kg · ha · ℃ $^{-1}$,分别比 HM、MH、MM 低 6. 5%、3. 0%、3. 0%,差异不显著;第二季的有效积温生产效率为 3. 26 kg · ha · ℃ $^{-1}$,分别比 HM、MM 低 17. 9%、15. 3%,差异显著,比 MH 低 11. 7%,差异不显著;周年有效积温生产效率为 3. 08 kg · ha · ℃ $^{-1}$,比 HM 低 12. 5%,差异显著,比 MH、MM 低 8. 1%、9. 9%,差异不显著。

HM 第一季的光能生产效率为 0. 49 g · MJ $^{-1}$;第二季的光能生产效率为 0. 69 g · MJ $^{-1}$;周年光能生产效率为 0. 58 g · MJ $^{-1}$。MH 第一季的光能生产效率为 0. 47 g · MJ $^{-1}$,比 HM 低 4. 1%,差异不显著;第二季的光能生产效率为 0. 61 g · MJ $^{-1}$,比 HM 低 11. 6%,差异显著;周年光能生产效率为 0. 54 g · MJ $^{-1}$,比 HM 低 6. 9%,差异不显著。MM 第一季的光能生产效率为 0. 47 g · MJ $^{-1}$,比 HM 低 4. 1%,与 MM、MH 差异均不显著;第二季的光能生产效率为 0. 63 g · MJ $^{-1}$,比 HM 低 8. 7%,比 MH 高 3. 3%,差异均不显著;周年光能生产效率为 0. 55 g · MJ $^{-1}$,比 HM 低 5. 2%,比 MH 高 1. 9%,差异均不显著。LH 第一季的光能生产效率为 0. 45 g · MJ $^{-1}$,分别比 HM、MH、MM 低 8. 2%、4. 3%、4. 3%,差异均不显著;第二季的光能生产效率为 0. 53 g · MJ $^{-1}$,分别比 HM、MH、MM 低 23. 2%、13. 1%、15. 9%,差异显著;周年光能生产效率为 0. 49 g · MJ $^{-1}$,比 HM 低 15. 5%,差异显著,分别比 MH、MM 低 9. 3%、10. 9%,差异不显著。4 种搭配模式两季和周年的降水生产效率差异均不显著。

表 3－4　2015～2017 年黄淮海平原和长江中游地区适宜搭配模式光、温、水资源生产效率

地区	年份	搭配模式	有效积温生产效率/(kg·ha·℃$^{-1}$)			光能生产效率/(g·MJ^{-1})			降水生产效率/(kg·ha·mm^{-1})		
			第一季	第二季	周年	第一季	第二季	周年	第一季	第二季	周年
黄淮海平原	2015	LH	4.42	3.83	4.12	0.56	0.59	0.57	45.8	32.8	38.5
		MM	4.07	3.42	3.75	0.52	0.53	0.53	43.1	29.8	35.8
		HL	3.74	2.74	3.30	0.49	0.43	0.47	35.1	25.5	30.9
	2016	LH	4.38	2.71	3.51	0.60	0.51	0.56	17.3	31.9	21.2
		MM	4.21	2.16	3.20	0.57	0.41	0.50	16.8	29.3	19.6
		HL	3.75	1.58	2.85	0.53	0.30	0.45	16.8	20.5	17.5
	2017	LH	4.24	3.65	3.94	0.54	0.74	0.62	56.7	53.5	55.1
		MM	4.13	3.13	3.64	0.53	0.64	0.57	51.7	63.0	55.8
		HL	3.76	3.00	3.44	0.51	0.60	0.54	43.8	58.9	48.4
	平均值	LH	4.35[a]	3.40[a]	3.86[a]	0.57[a]	0.61[a]	0.58[a]	39.9[a]	39.4[a]	38.3[a]
		MM	4.14[b]	2.90[b]	3.53[b]	0.54[b]	0.53[b]	0.53[b]	37.2[a]	40.7[a]	37.1[a]
		HL	3.75[c]	2.44[c]	3.20[c]	0.51[c]	0.44[c]	0.49[c]	31.9[a]	35.0[a]	32.3[a]

续表

地区	年份	搭配模式	有效积温生产效率/(kg·ha·℃$^{-1}$)			光能生产效率/(g·MJ^{-1})			降水生产效率/(kg·ha·mm^{-1})		
			第一季	第二季	周年	第一季	第二季	周年	第一季	第二季	周年
长江中游地区	2015	LH	3.56	4.55	4.08	0.58	0.72	0.66	18.4	71.9	32.7
		MM	3.86	4.55	4.21	0.64	0.73	0.69	21.3	65.2	33.7
		MH	3.86	4.44	4.16	0.64	0.73	0.68	21.3	51.1	31.3
		HM	3.97	4.50	4.23	0.66	0.73	0.70	22.5	50.8	31.9
	2016	LH	2.16	2.83	2.52	0.34	0.44	0.39	4.7	18.1	8.5
		MM	2.14	3.46	2.80	0.33	0.56	0.45	4.7	23.4	9.4
		MH	2.14	3.32	2.74	0.33	0.54	0.44	4.7	21.9	9.1
		HM	2.23	3.47	2.83	0.36	0.64	0.49	5.3	24.5	10.1
	2017	LH	2.98	2.40	2.65	0.42	0.42	0.42	10.0	16.2	12.4
		MM	2.97	3.55	3.26	0.43	0.61	0.51	10.0	33.4	16.3
		MH	2.97	3.31	3.14	0.43	0.56	0.49	10.0	31.8	15.9
		HM	3.09	3.95	3.50	0.44	0.69	0.54	11.4	35.7	18.0
	平均值	LH	2.90^{a}	3.26^{b}	3.08^{b}	0.45^{a}	0.53^{c}	0.49^{b}	11.0^{a}	35.4^{a}	17.9^{a}
		MM	2.99^{a}	3.85^{a}	3.42^{ab}	0.47^{a}	0.63^{ab}	0.55^{ab}	12.0^{a}	40.7^{a}	19.8^{a}
		MH	2.99^{a}	3.69^{ab}	3.35^{ab}	0.47^{a}	0.61^{b}	0.54^{ab}	12.0^{a}	34.9^{a}	18.8^{a}
		HM	3.10^{a}	3.97^{a}	3.52^{a}	0.49^{a}	0.69^{a}	0.58^{a}	13.1^{a}	37.0^{a}	20.0^{a}

注:小写字母不同表示在 0.05 水平上差异显著。

五、双季玉米体系适宜搭配模式光能利用效率

2015～2017年黄淮海平原和长江中游地区适宜搭配模式光能利用效率见表3-5。比较黄淮海平原3年的平均值发现：与MM相比，LH第一季籽粒光能利用效率、总生物量光能利用效率的增幅分别为4.1%、3.2%，差异不显著；第二季籽粒光能利用效率、总生物量光能利用效率的增幅分别为15.8%、11.2%，差异显著；周年籽粒光能利用效率、总生物量光能利用效率的增幅分别为8.1%、6.5%，差异显著。与HL相比，LH第一季籽粒光能利用效率、总生物量光能利用效率的增幅分别为9.7%、11.4%，差异显著；第二季籽粒光能利用效率、总生物量光能利用效率的增幅分别为35.8%、40.1%，差异显著；周年籽粒光能利用效率、总生物量光能利用效率显著提高，增幅分别为18.9%、20.1%。与HL相比，MM第一季籽粒光能利用效率、总生物量光能利用效率的增幅分别为5.4%、8.6%，差异显著；第二季籽粒光能利用效率、总生物量光能利用效率显著提高，增幅分别为17.3%、26.1%；周年籽粒光能利用效率、总生物量光能利用效率显著提高，增幅分别为10.0%、12.8%。

比较长江中游地区3年的平均值发现：与MH相比，HM第一季籽粒光能利用效率、总生物量光能利用效率无显著差异；第二季籽粒光能利用效率、总生物量光能利用效率显著提高，增幅分别为12.7%、15.4%；周年籽粒光能利用效率无显著差异，周年总生物量光能利用效率显著提高，增幅为8.7%。与MM相比，HM第一季籽粒光能利用效率、总生物量光能利用效率无显著差异；第二季籽粒光能利用效率无显著差异，总生物量光能利用效率显著提高，增幅为12.9%；周年籽粒光能利用效率无显著差异，周年总生物量光能利用效率显著提高，增幅为7.5%。与LH相比，HM第一季籽粒光能利用效率无显著差异，总生物量光能利用效率显著提高，增幅为23.9%；第二季籽粒光能利用效率、总生物量光能利用效率显著提高，增幅分别为30.5%、26.5%；周年籽粒光能利用效率、总生物量光能利用效率的增幅分别为16.9%、24.2%，差异显著。

与MH相比，MM两季、周年的籽粒光能利用效率、总生物量光能利用效率差异不显著。与MH相比，LH第一季籽粒光能利用效率无显著差异，总生物量光能利用效率显著降低，降幅为16.7%；第二季籽粒光能利用效率显著降低，降

幅为13.6%,总生物量光能利用效率无显著差异;周年籽粒光能利用效率无显著差异,周年总生物量光能利用效率显著降低,降幅为12.5%。

与MM相比,LH第一季籽粒光能利用效率无显著差异,总生物量光能利用效率显著降低,降幅为16.7%;第二季籽粒光能利用效率、总生物量光能利用效率显著降低,降幅分别为16.7%、10.8%;周年籽粒光能利用效率无显著差异,周年总生物量光能利用效率显著降低,降幅为13.4%。

表3-5 2015~2017年黄淮海平原和长江中游地区适宜搭配模式光能利用效率

地区	年份	搭配模式	籽粒光能利用效率			总生物量光能利用效率		
			第一季	第二季	周年	第一季	第二季	周年
黄淮海平原	2015	LH	1.00	1.07	1.04	1.94	1.91	1.93
		MM	0.97	0.96	0.96	1.90	1.75	1.83
		HL	0.93	0.78	0.90	1.74	1.32	1.58
	2016	LH	1.09	0.91	1.02	2.01	1.85	1.94
		MM	1.03	0.75	0.91	1.91	1.65	1.81
		HL	0.95	0.55	0.81	1.72	1.30	1.58
	2017	LH	0.97	1.33	1.15	1.91	2.22	2.04
		MM	0.95	1.15	1.10	1.88	1.96	1.91
		HL	0.91	1.09	0.99	1.80	1.65	1.75
	平均值	LH	1.02[a]	1.10[a]	1.07[a]	1.95[a]	1.99[a]	1.97[a]
		MM	0.98[a]	0.95[b]	0.99[b]	1.90[a]	1.79[b]	1.85[b]
		HL	0.93[b]	0.81[c]	0.90[c]	1.75[b]	1.42[c]	1.64[c]
长江中游地区	2015	LH	1.05	1.31	1.19	1.82	2.06	1.95
		MM	1.16	1.32	1.24	2.09	2.09	2.09
		MH	1.16	1.31	1.24	2.09	2.07	2.08
		HM	1.20	1.33	1.26	2.18	2.22	2.20
	2016	LH	0.61	0.79	0.71	1.39	1.39	1.39
		MM	0.60	1.01	0.81	1.76	1.58	1.67
		MH	0.60	0.98	0.79	1.76	1.57	1.66
		HM	0.66	1.15	0.89	1.83	1.82	1.83

续表

地区	年份	搭配模式	籽粒光能利用效率			总生物量光能利用效率		
			第一季	第二季	周年	第一季	第二季	周年
长江中游地区	2017	LH	0.75	0.76	0.76	1.44	1.53	1.49
		MM	0.77	1.10	0.92	1.73	1.91	1.82
		MH	0.77	1.01	0.88	1.73	1.82	1.77
		HM	0.79	1.25	0.98	1.76	2.25	1.97
	平均值	LH	0.80[a]	0.95[c]	0.89[b]	1.55[b]	1.66[c]	1.61[c]
		MM	0.84[a]	1.14[ab]	0.99[ab]	1.86[a]	1.86[b]	1.86[b]
		MH	0.84[a]	1.10[b]	0.97[ab]	1.86[a]	1.82[bc]	1.84[b]
		HM	0.88[a]	1.24[a]	1.04[a]	1.92[a]	2.10[a]	2.00[a]

注:小写字母不同表示在0.05水平上差异显著。

第三节　讨论

作物产量形成与其所在生态区的生态条件密切相关,为了充分利用资源,需优化季间的资源配置。进一步探索适合黄淮海平原和长江中游地区双季玉米体系的搭配模式,明确不同搭配模式下两季玉米品种的资源利用特征,提高各类别品种与生态资源变化的契合度,是提高两地区资源利用效率的重要途径。

本章对黄淮海平原和长江中游地区双季玉米体系适宜搭配模式季间的资源配置进行了定量分析。结果表明,黄淮海平原高产高效的双季玉米搭配模式为LH。LH两季的有效积温分配率分别为48%和52%,两季比为0.9;两季的太阳辐射量分配率分别为56%和44%,两季比为1.3;两季的降水量分配率分别为60%和40%,两季比为1.5。长江中游地区高产高效的双季玉米搭配模式为HM。HM两季的有效积温分配率分别为52%和48%,两季比为1.1;两季的太阳辐射量分配率分别为54%和46%,两季比为1.2;两季的降水量分配率分别为73%和27%,两季比为2.7。同时,两地区高产高效双季玉米搭配模式(LH和HM)的周年光、温生产效率及籽粒光能利用效率高于以往关于双季玉米的研究结果。可见,选择适宜的品种,调配季间光、温资源配置,合理制定两季生育期的最佳分配方案,充分挖掘区域光、温资源,发挥 C4 玉米的高光效、高物质生产能力等优势,是黄淮海平原和长江中游地区周年产量增加与光、温资源增效的关键。

影响作物生长发育的最主要的生态因子是温度,有效积温的变化可调节作物的生长发育进程,使相应阶段的太阳辐射量及降水量发生变化,最终影响作物产量。我们的研究也得到类似的结果,即两熟或多熟生态区季间配置的资源以热量资源(温度)为主,其次是太阳辐射和降水。通过进一步分析不同类别品种高产形成与生态条件的关系,我们发现:黄淮海平原双季玉米体系第一季的有效积温为 2 401.1~3 134.5 ℃,太阳辐射量为 1 780.9~2 277.5 $MJ \cdot m^{-2}$,不同类别品种的产量与当季有效积温、太阳辐射量显著正相关,即随着有效积温和太阳辐射量的增加,不同类别品种的产量显著上升;第二季的有效积温为 2 183.2~2 731.0 ℃,太阳辐射量为 1 096.8~1 695.3 $MJ \cdot m^{-2}$,不同类别品种的产量与当季有效积温、太阳辐射量显著正相关,即随着有效积温和太阳辐射量的增加,不同类别品种的产量显著上升。由于黄淮海平原双季玉米体系的周年产量与第二季产量显著正相关($r=0.97^{**}$),因此为保证双季玉米高产,第一季应选择来自高纬度地区的 L 类别品种(可以将更多的光、温资源分配给第二季),第二季应选择来自低纬度地区的 H 类别品种(可以避免光、温资源浪费)。可见,在黄淮海平原双季玉米体系中,LH 搭配模式可以进一步提升周年产量潜力。

长江中游地区双季玉米体系第一季的有效积温为 2 222.2~2 829.1 ℃,太阳辐射量为 1 426.4~2 010.7 $MJ \cdot m^{-2}$,不同类别品种的产量与当季有效积温显著正相关,与太阳辐射量无显著相关关系,即随着有效积温的增加,不同类别品种的产量显著上升;第二季的有效积温为 2 532.8~3 017.7 ℃,太阳辐射量为 1 445.2~1 723.4 $MJ \cdot m^{-2}$,不同类别品种的产量与当季有效积温显著负相关,与太阳辐射量无显著相关关系,即随着有效积温的增加,不同类别品种的产量显著下降。长江中游地区是光资源充沛区。该地区第一季应选择来自低纬度地区的 H 类别品种,从而充分利用第一季的光、温资源。该地区第二季不同类别品种的产量随有效积温的增加而下降,所以第二季应选择所需有效积温较小的 M 类别品种,从而充分利用第二季的光、温资源,以获得高产。可见,在长江中游地区双季玉米体系中，HM 搭配模式可进一步提升周年产量潜力。

我们对双季玉米体系不同搭配模式的光、温资源生产效率及利用效率进行比较，结果表明，黄淮海平原 LH 搭配模式的光能生产效率和光能利用效率显著高于 MM、HL 搭配模式，长江中游地区 HM 搭配模式的光能生产效率和光能利用效率显著高于 MM、MH、LH 搭配模式。因此，在保证充分利用光、温资源的前提下选择最佳搭配模式，可以充分发挥 C4 玉米的高光效优势，从而提高黄淮海平原和长江中游地区双季玉米体系的周年资源利用效率。

第四节　小结

我们对黄淮海平原和长江中游地区双季玉米体系两季资源的配置进行定量分析，明确了两季资源的配置特征，确定了适合黄淮海平原和长江中游地区的最佳搭配模式。在此基础上，可结合其他栽培措施，合理制定适合不同生态区的最佳方案，挖掘玉米的产量潜力，进一步提高双季玉米体系周年产量和资源利用效率，为黄淮海平原和长江中游地区双季玉米体系高产高效种植模式的建立提供理论依据。

第四章　双季玉米体系周年产量形成与生态因子的定量关系

适宜的生态条件是玉米高产、优质的保障。在明确黄淮海平原和长江中游地区双季玉米体系不同搭配模式的资源配置及利用特征的基础上，进一步分析两地区生态资源的分布，揭示季内生态因子与产量形成的关系，是建立双季玉米高产高效种植模式的关键。影响玉米产量形成的因素除了栽培措施以外，还有发挥重要作用的生态因子，包括生育期内的温度、太阳辐射量、降水量等。

温度影响玉米各生育期的发育进程（包括玉米的出苗、开花等），进而影响其籽粒形成、籽粒灌浆（简称“灌浆”）和产量形成。一定的热量条件对调节玉米生长发育具有重要意义。气温高于 25 ℃或持续高温会缩短灌浆时间，影响灌浆速率，从而影响玉米的产量形成。玉米在各个阶段的生长发育需要特定的有效积温，这对玉米的产量形成有显著的影响。除了温度以外，太阳辐射量和降水量也是影响玉米生长发育的关键因素。太阳辐射量影响玉米的光合作用，从而影响干物质的积累与分配。玉米产量形成与干物质积累及玉米截获的太阳辐射有密切关系。光照不足严重影响玉米的生长发育，在不同生育期的遮阴处理会影响玉米的光合特性，降低同化物的供应（在灌浆期最为严重），进而限制玉米生长发育，导致产量显著下降。生长期内的水分胁迫会影响玉米正常的生长发育，且玉米对不同阶段干旱胁迫的反应不同。有研究表明，孕穗期的水分胁迫会影响雄穗败育，进而影响产量形成。对玉米不同生育时期水分胁迫的研究表明，在开花期由水分胁迫导致的产量下降最为显著，其次是拔节期和苗期。可见，温度、太阳辐射量、降水量是影响玉米生长发育和产量形成的主要生态因子。

近年来,气候条件的变化导致极端天气高发(如小麦生殖生长期早期的低温干旱胁迫和灌浆期的高温胁迫),严重限制了作物的生长发育,大大降低了作物产量。此外,无霜期天数和生长期有效积温均有所增加,导致玉米生长发育进程所需的光、温、水资源与气候资源匹配度下降,玉米产量提高难度加大。因此,应探明玉米产量形成与两季生态因子的关系,明确不同生长季生态资源的分布特点,研究生态资源配置对双季玉米生长发育和产量形成的影响机制,合理配置两季光、温、水资源,为合理利用两地区的生态资源和进一步挖掘双季玉米体系的产量潜力提供理论依据。

第一节　材料与方法

一、试验地概况

同第二章。

二、试验设计

同第三章。

三、测定项目与方法

(一)气象数据

同第二章。

(二)生育时期

同第二章。

（三）总生物量（花前、花后干物质积累量）

在玉米各生长发育阶段（苗期、拔节期、开花期、灌浆期、成熟期），从每个小区中选取 5 株有代表性的植株，苗期、拔节期和开花期按茎、叶分样，灌浆期按茎、叶、穗分样，成熟期按茎、叶、籽粒、苞叶和穗轴分样。将样品置于烘箱中，于 105 ℃杀青 30 min，于 80 ℃烘干至恒重，计算玉米群体地上部分的干物质积累量，计算公式为

花前干物质积累量 = 玉米吐丝期植株干物质质量

花后干物质积累量 = 玉米成熟期植株干物质质量 – 玉米吐丝期植株干物质质量

干物质积累速率为单位时间内、单位面积土地上玉米群体积累的干物质质量，单位为 $kg \cdot ha^{-1} \cdot ℃ \cdot d^{-1}$。

四、数据处理与分析

采用 Microsoft Office Excel 2003 软件对试验数据进行初步整理；采用 SPSS 16.0、Statistic 9.0 软件对数据进行统计分析；采用 SigmaPlot 12.5 软件作图。

第二节　结果与分析

一、不同生态区生态因子差异分析

黄淮海平原 2015～2017 年双季玉米生长发育阶段的生态因子如图 3 – 1（a）所示。由图 3 – 1（a）可知：第一季播种期到成熟期的日均温和太阳辐射量呈逐年上升趋势，3 年日均温最大值分别为 31.8 ℃、32.5 ℃、33.2 ℃，3 年日均最大太阳辐射量分别为 28.0 $MJ \cdot m^{-2}$、26.4 $MJ \cdot m^{-2}$、28.1 $MJ \cdot m^{-2}$，3 年累积降水量分别为 307 mm、694 mm、262 mm；第二季播种期到成熟期的日均温和太阳辐射量呈逐年下降趋势，3 年日均温最大值分别为 30.7 ℃、31.8 ℃、32.2 ℃，3 年日均最大太阳辐射量分别为 25.7 $MJ \cdot m^{-2}$、26.1 $MJ \cdot m^{-2}$、27.1 $MJ \cdot m^{-2}$，3 年累积

降水量分别为 302 mm、235 mm、184 mm。

长江中游地区 2015 ~ 2017 年双季玉米生长发育阶段的生态因子如图 3 - 1(b)所示。由图 3 - 1(b)可知:第一季播种期到成熟期的日均温和太阳辐射量呈逐年上升趋势,3 年日均温最大值分别为 31.4 ℃、31.9 ℃、32.1 ℃,3 年日均最大太阳辐射量分别为 26.0 MJ · m^{-2}、29.7 MJ · m^{-2}、25.6 MJ · m^{-2},3 年累积降水量分别为 473 mm、1 211 mm、763 mm;第二季播种期到成熟期的日均温和太阳辐射量呈逐年下降趋势,3 年日均温最大值分别为 30.3 ℃、32.7 ℃、32.1 ℃,3 年日均最大辐射量分别为 24.8 MJ · m^{-2}、29.6 MJ · m^{-2}、25.6 MJ · m^{-2},3 年累积降水量分别为 250 mm、525 mm、446 mm。

二、双季玉米体系适宜搭配模式的干物质积累量

(一)黄淮海平原双季玉米体系适宜搭配模式的干物质积累量

不同年份两季玉米的干物质积累量存在显著差异,不同搭配模式两季的干物质积累量也存在显著差异,与产量表现出类似的趋势。2015 ~ 2017 年黄淮海平原双季玉米体系适宜搭配模式的干物质积累量如图 4 - 1 所示。2015 年和 2017 年,3 种搭配模式的周年干物质积累量比 2016 年增加 6.5%~12.0%,这主要缘于第二季干物质积累量的增加。2015 ~ 2017 年,LH 的周年干物质积累量最大,其次是 MM,HL 最小。2015 ~ 2017 年,LH 的周年干物质积累量分别为 38.6 Mg · ha^{-1}、34.7 Mg · ha^{-1}、37.8 Mg · ha^{-1},分别比 MM 大 3.7%、3.7%、5.7%,比 HL 大 21.9%、18.2%、15.6%。2015 年,3 种搭配模式第一季的干物质积累量无显著差异。2016 年和 2017 年,HL 第一季的干物质积累量分别为 21.1 Mg · ha^{-1}、22.6 Mg · ha^{-1},分别比 LH 大 5.3%、5.7%。但是,2016 年和 2017 年,HL 与 MM 以及 MM 与 LH 第一季的干物质积累量无显著差异。3 种搭配模式不同年份第二季的干物质积累量最大的是 LH,其次是 MM,HL 最小。2015 ~ 2017 年,LH 第二季的干物质积累量分别为 17.9 Mg · ha^{-1}、14.7 Mg · ha^{-1}、16.5 Mg · ha^{-1},分别比 MM 大 11.3%、16.0%、18.5%,比 HL 大 75.0%、76.9%、62.5%。此外,黄淮海平原双季玉米体系周年产量与周年干物质积累量显著正相关($r = 0.82^{**}$),与第二季干物质积累量显著正相关

($r=0.92^{**}$),与第一季干物质积累量无显著相关关系。可见,干物质积累量是影响黄淮海平原双季玉米体系周年产量的决定性因素,特别是第二季的干物质积累量。

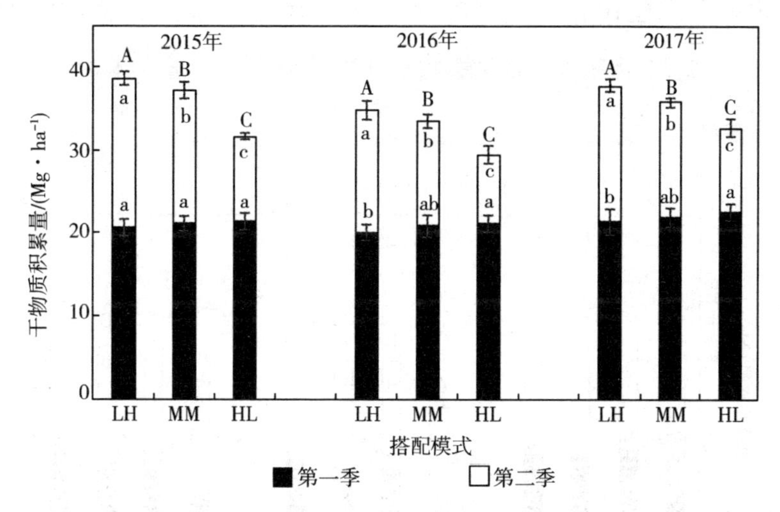

图4-1 2015~2017年黄淮海平原双季玉米体系适宜搭配模式的干物质积累量

注:小写字母不同表示第一季和第二季在0.05水平上差异显著;大写字母不同表示第一季与第二季之和在0.05水平上差异显著。

(二)长江中游地区双季玉米体系适宜搭配模式的干物质积累量

2015~2017年长江中游地区双季玉米体系适宜搭配模式的干物质积累量如图4-2所示。2015年和2017年,4种搭配模式的周年干物质积累量分别比2016年大16%~36%和10%~13%。2015~2017年,HM的周年干物质积累量最大,其次是MM和MH,LH最小。2015~2017年,HM的周年干物质积累量分别为39.0 $Mg\cdot ha^{-1}$、33.5 $Mg\cdot ha^{-1}$、37.5 $Mg\cdot ha^{-1}$,分别比MM大7.1%、10.3%、11.8%,比MH大6.9%、11.0%、12.6%,比LH大17.0%、35.9%、35.8%。HM在2015~2017年第二季的干物质积累量分别为19.2 $Mg\cdot ha^{-1}$、18.0 $Mg\cdot ha^{-1}$、19.5 $Mg\cdot ha^{-1}$,分别比MM大9.0%、12.2%、13.1%,比MH大9.0%、12.2%、13.1%,比LH大32.7%、56.7%、48.0%。2015年,4种搭配模式第二季的干物质积累量无显著差异,其中HM第二季的干物质积累量最大,

LH 第二季的干物质积累量最小。2016 年和 2017 年，HM 第二季的干物质积累量分别为 15.5 Mg·ha^{-1}、18.1 Mg·ha^{-1}，分别比 MM 大 8.2%、10.4%，比 MH 大 9.6%、12.2%，比 LH 大 17.8%、24.8%。此外，长江中游地区双季玉米体系周年产量与周年干物质积累量显著正相关（$r = 0.85^{**}$），与第一季干物质积累量显著正相关（$r = 0.61^{**}$），与第二季干物质积累量也显著正相关（$r = 0.91^{**}$）。可见，干物质积累量是影响长江中游地区双季玉米体系周年产量的决定性因素。

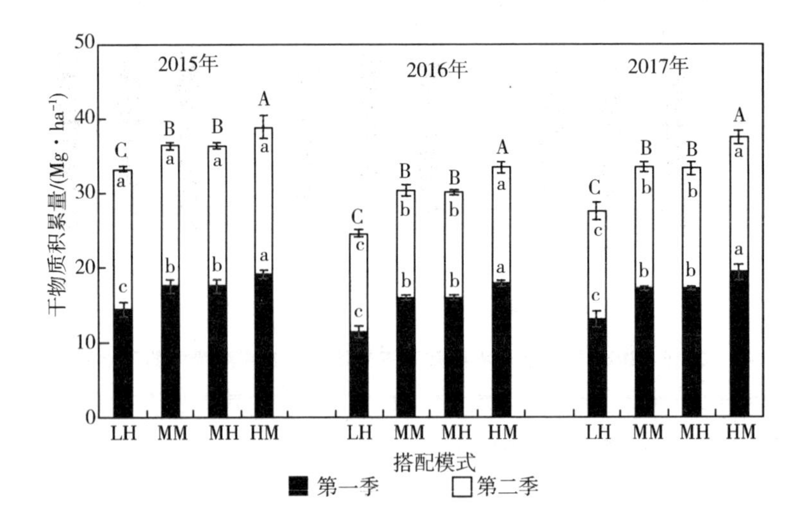

图 4-2　2015～2017 年长江中游地区双季玉米体系适宜搭配模式的干物质积累量

注：小写字母不同表示第一季和第二季在 0.05 水平上差异显著；大写字母不同表示第一季与第二季之和在 0.05 水平上差异显著。

三、双季玉米体系适宜搭配模式花前、花后干物质积累与分配

（一）黄淮海平原双季玉米体系适宜搭配模式花前、花后干物质积累与分配

由表 4-1 可知，黄淮海平原双季玉米体系不同搭配模式的花前、花后干物质积累（从干物质积累量、干物质积累持续时间、干物质积累速率 3 个方面考

虑)均有明显变化。第一季,HL 的花前干物质积累量最大,表现为 HL > MM > LH。2015 ~ 2017 年,HL 第一季的花前干物质积累量分别为 11.3 $Mg \cdot ha^{-1}$、10.8 $Mg \cdot ha^{-1}$、11.7 $Mg \cdot ha^{-1}$,分别比 MM 大 18.9%、12.5%、19.4%,比 LH 大 32.9%、35.0%、41.0%。LH 第一季的花后干物质积累量最大,表现为 LH > MM > HL。2015 ~ 2017 年,LH 第一季的花后干物质积累量分别为 12.1 $Mg \cdot ha^{-1}$、12.4 $Mg \cdot ha^{-1}$、13.1 $Mg \cdot ha^{-1}$,分别比 MM 大 8.0%、10.7%、5.6%,比 HL 大 17.5%、22.8%、20.2%。第二季,LH 的花前、花后干物质积累量都是最大的,均表现为 LH > MM > HL。2015 ~ 2017 年,LH 第二季的花前干物质积累量分别为 7.3 $Mg \cdot ha^{-1}$、8.1 $Mg \cdot ha^{-1}$、7.1 $Mg \cdot ha^{-1}$,分别比 MM 大 12.3%、14.1%、10.9%,比 HL 大 62.2%、55.8%、39.2%;LH 第二季的花后干物质积累量分别为 10.6 $Mg \cdot ha^{-1}$、6.7 $Mg \cdot ha^{-1}$、9.4 $Mg \cdot ha^{-1}$,分别比 MM 大 10.4%、19.6%、27.0%,比 HL 大 82.8%、109.4%、84.3%。相关分析表明,黄淮海平原双季玉米体系第一季干物质积累量与花前、花后干物质积累量显著正相关($r=0.49^{**}$,$r=0.37^{**}$),第二季干物质积累量与花前、花后干物质积累量显著正相关($r=0.74^{**}$,$r=0.94^{**}$)。

黄淮海平原双季玉米体系不同年份、不同搭配模式两季的花前、花后干物质积累持续时间存在显著差异。2015 ~ 2017 年,HL 第一季的花前干物质积累持续时间分别为 779 ℃ · d^{-1}、850 ℃ · d^{-1}、850 ℃ · d^{-1},分别比 MM 长 11.8%、19.5%、12.6%,比 LH 长 17.3%、22.3%、14.4%。2015 ~ 2017 年,HL 第一季的花后干物质积累持续时间分别为 766 ℃ · d^{-1}、824 ℃ · d^{-1}、719 ℃ · d^{-1},分别比 MM 长 16.2%、17.4%、15.8%,比 LH 长 25.0%、39.4%、17.1%。2015 年和 2016 年,LH 第二季的花前干物质积累持续时间分别为 859 ℃ · d^{-1}、989 ℃ · d^{-1},分别比 MM 长 5.8%、6.9%,比 HL 长 13.9%、22.6%。2017 年,LH 第二季的花前干物质积累持续时间为 942 ℃ · d^{-1},与 MM 第二季的花前干物质积累持续时间无显著差异,但比 HL 长 16.3%。2015 ~ 2017 年,LH 第二季的花后干物质积累持续时间分别为 570 ℃ · d^{-1}、513 ℃ · d^{-1}、516 ℃ · d^{-1},分别比 MM 长 8.2%、11.8%、14.9%,比 HL 长 15.6%、43.3%、40.2%。

表 4－1　2015～2017 年两季花前及花后干物质积累量、干物质积累持续时间和干物质积累速率（黄淮海平原）

年份	搭配模式	第一季						第二季					
		花前			花后			花前			花后		
		DM/（Mg · ha⁻¹）	*D*/（℃ · d⁻¹）	*PGR*/（kg · ha⁻¹ · ℃ · d⁻¹）	*DM*/（Mg · ha⁻¹）	*D*/（℃ · d⁻¹）	*PGR*/（kg · ha⁻¹ · ℃ · d⁻¹）	*DM*/（Mg · ha⁻¹）	*D*/（℃ · d⁻¹）	*PGR*/（kg · ha⁻¹ · ℃ · d⁻¹）	*DM*/（Mg · ha⁻¹）	*D*/（℃ · d⁻¹）	*PGR*/（kg · ha⁻¹ · ℃ · d⁻¹）
2015	LH	8.5[d]	664[e]	12.8[d]	12.1[b]	613[ef]	19.7[b]	7.3[b]	859[d]	8.4[a]	10.6[a]	570[a]	19.3[a]
	MM	9.5[c]	697[d]	13.7[c]	11.2[c]	659[d]	16.9[c]	6.5[c]	812[e]	7.9[bc]	9.6[b]	527[b]	17.9[b]
	HL	11.3[ab]	779[b]	14.4[b]	10.3[d]	766[b]	13.4[e]	4.5[e]	754[f]	5.9[g]	5.8[d]	493[c]	12.4[ef]
2016	LH	8.0[d]	695[d]	11.5[f]	12.4[b]	591[f]	21.0[a]	8.1[a]	989[a]	8.2[ab]	6.7[c]	513[b]	13.0[e]
	MM	9.6[c]	711[d]	12.1[e]	11.2[c]	702[c]	19.8[b]	7.1[b]	925[c]	7.7[cd]	5.6[d]	459[d]	12.2[f]
	HL	10.8[b]	850[a]	15.4[a]	10.1[d]	824[a]	12.2[f]	5.2[d]	807[e]	6.4[f]	3.2[e]	358[e]	8.8[g]
2017	LH	8.3[d]	742[c]	11.2[e]	13.1[a]	614[ef]	21.3[a]	7.1[b]	942[b]	7.5[d]	9.4[b]	516[b]	18.1[b]
	MM	9.8[c]	755[c]	12.9[d]	12.4[b]	621[e]	19.5[b]	6.4[c]	948[b]	6.8[e]	7.4[c]	449[d]	16.6[c]
	HL	11.7[a]	850[a]	13.8[bc]	10.9[c]	719[c]	15.1[d]	5.1[d]	810[e]	6.3[f]	5.1[d]	368[e]	14.0[d]
差异来源													
年份（*Y*）		0.169[ns]	0.001**	0.834[ns]	0.389[ns]	0.001**	0.268[ns]	0.003**	0.001**	0.026*	0.001**	0.001**	0.001**
搭配模式（*T*）		0.001**	0.001**	0.001**	0.001**	0.001**	0.001**	0.001**	0.001**	0.001**	0.001**	0.001**	0.001**
Y×*T*		0.010**	0.001**	0.017*	0.012*	0.001**	0.009**	0.038*	0.001**	0.001**	0.026*	0.001**	0.053[ns]

注：*DM* 为干物质积累量；*D* 为干物质积累持续时间；*PGR* 为干物质积累速率；小写字母不同表示在 0.05 水平上差异显著；* 表示在0.05 水平上相关显著；* * 表示在 0.01 水平上相关显著；ns 表示无显著相关关系。

黄淮海平原双季玉米体系两季的花前、花后干物质积累速率受年份和搭配模式的交互影响。HL 第一季的花前干物质积累速率最大，表现为 HL > MM > LH。2015~2017 年，HL 第一季的花前干物质积累速率分别为 14.4 kg · ha^{-1} · ℃ · d^{-1}、15.4 kg · ha^{-1} · ℃ · d^{-1}、13.8 kg · ha^{-1} · ℃ · d^{-1}，分别比 MM 大 5.1%、27.3%、7.0%，比 LH 大 12.5%、33.9%、23.2%。LH 第一季的花后干物质积累速率最大，表现为 LH > MM > HL。2015~2017 年，LH 第一季的花后干物质积累速率分别为 19.7 kg · ha^{-1} · ℃ · d^{-1}、21.0 kg · ha^{-1} · ℃ · d^{-1}、21.3 kg · ha^{-1} · ℃ · d^{-1}，分别比 MM 大 16.6%、6.1%、9.2%，比 HL 大 47.0%、72.1%、41.1%。第二季，LH 的花前、花后干物质积累速率均最大，表现为 LH > MM > HL。2015~2017 年，LH 第二季的花前干物质积累速率分别为 8.4 kg · ha^{-1} · ℃ · d^{-1}、8.2 kg · ha^{-1} · ℃ · d^{-1}、7.5 kg · ha^{-1} · ℃ · d^{-1}，分别比 MM 大 6.3%、6.5%、10.3%，比 HL 大 42.4%、28.1%、19.0%；LH 第二季的花后干物质积累速率分别为 19.3 kg · ha^{-1} · ℃ · d^{-1}、13.0 kg · ha^{-1} · ℃ · d^{-1}、18.1 kg · ha^{-1} · ℃ · d^{-1}，分别比 MM 大 7.8%、6.6%、9.0%，比 HL 大 55.6%、47.7%、29.3%。

（二）长江中游地区双季玉米体系适宜搭配模式花前、花后干物质积累与分配

由表 4-2 可知，长江中游地区双季玉米体系不同搭配模式的花前、花后干物质积累均有明显变化。第一季，HM 的花前干物质积累量最大，其次为 MM 和 MH，LH 最小。2015~2017 年，HM 第一季的花前干物质积累量分别为 8.5 Mg · ha^{-1}、8.1 Mg · ha^{-1}、8.3 Mg · ha^{-1}，分别比 MM 大 14.9%、24.6%、20.3%，比 MH 大 14.9%、24.6%、20.3%，比 LH 大 41.7%、107.7%、72.9%。不同搭配模式第一季的花后干物质积累量与花前干物质积累量表现一致，即 HM 第一季的花后干物质积累量最大，其次为 MM 和 MH，LH 最小。2015~2017 年，HM 第一季的花后干物质积累量分别为 10.7 Mg · ha^{-1}、9.9 Mg · ha^{-1}、11.2 Mg · ha^{-1}，分别比 MM 大 3.9%、4.2%、8.7%，比 MH 大 3.9%、4.2%、8.7%，比 LH 大 25.9%、30.3%、33.3%。2015 年和 2016 年，HM 第二季的花前干物质积累量最大，LH 最小；HM 第二季的花前干物质积累量分别为 7.4 Mg · ha^{-1}、7.0 Mg · ha^{-1}，分别比 MM 大 7.2%、18.6%，比 MH 大 8.9%、

2.9%,比 LH 大 8.9%、20.7%。2017 年,HM、MM、MH 第二季的花前干物质积累量差异不显著,但分别比 LH 大 7.7%、10.8%、9.2%。第二季,HM 的花后干物质积累量最大。2015～2017 年,HM 第二季的花后干物质积累量分别为 12.4 $Mg \cdot ha^{-1}$、8.5 $Mg \cdot ha^{-1}$、11.1 $Mg \cdot ha^{-1}$,分别比 MM 大 4.2%、2.4%、22.0%,比 MH 大 3.3%、14.9%、23.3%,比 LH 大 3.3%、14.9%、38.8%。相关分析表明,长江中游地区双季玉米体系第一季干物质积累量与花前、花后干物质积累量显著正相关($r=0.95^{**}$,$r=0.93^{**}$),第二季干物质积累量与花前、花后干物质积累量显著正相关($r=0.58^{**}$,$r=0.96^{**}$)。

长江中游地区双季玉米体系不同年份、不同搭配模式两季的花前、花后干物质积累持续时间存在显著差异。2015～2017 年,HM 第一季的花前干物质积累持续时间分别为 760 $℃ \cdot d^{-1}$、724 $℃ \cdot d^{-1}$、744 $℃ \cdot d^{-1}$,分别比 MM 长 11.3%、18.5%、24.2%,比 MH 长 11.3%、18.5%、24.2%,比 LH 长 21.2%、30.9%、31.9%。2015～2017 年,HM 第一季的花后干物质积累持续时间分别为 726 $℃ \cdot d^{-1}$、756 $℃ \cdot d^{-1}$、825 $℃ \cdot d^{-1}$,分别比 MM 长 1.3%、0.9%、5.5%,比 MH 长 1.3%、0.9%、5.5%,比 LH 长 11.7%、16.1%、27.7%。2015～2017 年,HM 第二季的花前干物质积累持续时间分别为 754 $℃ \cdot d^{-1}$、843 $℃ \cdot d^{-1}$、877 $℃ \cdot d^{-1}$,分别比 MH 短 1.7%、2.2%、8.5%,比 MM 短 3.7%、4.2%、4.9%,比 LH 短 9.9%、7.5%、23.3%。2015～2017 年,HM 第二季的花后干物质持续时间分别为 638 $℃ \cdot d^{-1}$、650 $℃ \cdot d^{-1}$、648 $℃ \cdot d^{-1}$,分别比 MH 短 6.6%、12.3%、15.6%,比 MM 短 1.7%、8.2%、7.6%,比 LH 短 4.1%、10.2%、10.3%。

表 4-2 2015~2017 年两季花前及花后干物质积累量、干物质积累持续时间和干物质积累速率(长江中游地区)

年份	搭配模式	第一季						第二季					
		花前			花后			花前			花后		
		DM/(Mg·ha^{-1})	*D*/(℃·d^{-1})	*PGR*/(kg·ha^{-1}·℃·d^{-1})	*DM*/(Mg·ha^{-1})	*D*/(℃·d^{-1})	*PGR*/(kg·ha^{-1}·℃·d^{-1})	*DM*/(Mg·ha^{-1})	*D*/(℃·d^{-1})	*PGR*/(kg·ha^{-1}·℃·d^{-1})	*DM*/(Mg·ha^{-1})	*D*/(℃·d^{-1})	*PGR*/(kg·ha^{-1}·℃·d^{-1})
2015	LH	6.0^{d}	627^{d}	9.6^{b}	8.5^{e}	650^{e}	13.0^{d}	6.8^{bc}	837^{g}	8.2^{cd}	12.0^{a}	664^{f}	18.1^{b}
	MM	7.4^{b}	683^{c}	10.9^{a}	10.3^{bc}	717^{d}	14.3^{b}	6.9^{bc}	783^{h}	8.8^{b}	11.9^{ab}	649^{g}	18.3^{b}
	MH	7.4^{b}	683^{c}	10.9^{a}	10.3^{bc}	717^{d}	14.3^{b}	6.8^{bc}	767^{i}	8.9^{b}	12.0^{a}	680^{e}	17.7^{bc}
	HM	8.5^{a}	760^{a}	11.2^{a}	10.7^{ab}	726^{cd}	14.8^{a}	7.4^{a}	754^{j}	9.8^{a}	12.4^{a}	638^{h}	19.4^{a}
2016	LH	3.9^{f}	553^{f}	7.1^{d}	7.6^{f}	651^{e}	11.6^{f}	5.8^{d}	911^{d}	6.3^{fg}	7.4^{e}	716^{c}	10.4^{f}
	MM	6.5^{cd}	611^{de}	10.7^{ab}	9.5^{d}	749^{bc}	12.7^{e}	5.9^{d}	878^{e}	6.7^{f}	8.3^{cd}	703^{cd}	11.8^{e}
	MH	6.5^{cd}	611^{de}	10.7^{ab}	9.5^{d}	749^{bc}	12.7^{e}	6.8^{c}	862^{f}	7.8^{de}	7.4^{e}	730^{b}	10.2^{f}
	HM	8.1^{a}	724^{b}	11.1^{a}	9.9^{cd}	756^{bc}	13.1^{d}	7.0^{b}	843^{g}	8.4^{c}	8.5^{cd}	650^{g}	13.0^{d}
2017	LH	4.8^{e}	564^{f}	8.5^{c}	8.4^{e}	646^{e}	12.9^{e}	6.5^{c}	1143^{a}	5.7^{g}	8.0^{d}	715^{c}	11.2^{e}
	MM	6.9^{bc}	599^{e}	11.6^{a}	10.3^{bc}	782^{b}	13.2^{d}	7.2^{b}	922^{c}	7.9^{de}	9.1^{c}	697^{d}	13.1^{d}
	MH	6.9^{bc}	599^{e}	11.6^{a}	10.3^{bc}	782^{b}	13.2^{d}	7.1^{b}	958^{b}	7.4^{e}	9.0^{c}	749^{a}	12.0^{e}
	HM	8.3^{a}	744^{ab}	11.1^{a}	11.2^{ab}	825^{a}	13.6^{c}	7.0^{b}	877^{e}	8.0^{d}	11.1^{b}	648^{g}	17.1^{c}
差异来源													
年份(Y)		0.001^{**}	0.001^{**}	0.012^{*}	0.001^{**}	0.001^{**}	0.001^{**}	0.001^{**}	0.001^{**}	0.001^{**}	0.001^{**}	0.001^{**}	0.001^{**}
搭配模式(T)		0.001^{**}	0.001^{**}	0.001^{**}	0.001^{**}	0.001^{**}	0.001^{**}	0.001^{**}	0.001^{**}	0.001^{**}	0.001^{**}	0.001^{**}	0.001^{**}
$Y \times T$		0.011^{*}	0.013^{*}	0.019^{*}	0.906^{ns}	0.007^{**}	0.694^{ns}	0.009^{**}	0.001^{**}	0.002^{**}	0.001^{**}	0.001^{**}	0.001^{**}

注:*DM* 为干物质积累量;*D* 为干物质积累持续时间;*PGR* 为干物质积累速率;小写字母不同表示在0.05水平上差异显著;* 表示在0.05水平上相关显著;** 表示在0.01水平上相关显著;ns 表示无显著相关关系。

长江中游地区双季玉米体系不同年份、不同搭配模式两季的花前、花后干物质积累速率存在显著差异。2015 年和 2016 年,HM 第一季的花前干物质积累速率最大,其次为 MM 和 MH,LH 最小。2015 年和2016 年,HM 第一季的花前干物质积累速率分别为 11.2 $kg \cdot ha^{-1} \cdot ℃ \cdot d^{-1}$、11.1 $kg \cdot ha^{-1} \cdot ℃ \cdot d^{-1}$,分别比 MM 大 2.8%、3.7%,比 MH 大 2.8%、3.7%,比 LH 大 16.7%、56.3%。2017 年,HM 第一季的花前干物质积累速率为 11.1 $kg \cdot ha^{-1} \cdot ℃ \cdot d^{-1}$,与 MM 和 MH 差异不显著,但比 LH 大 30.6%。第一季,HM 的花后干物质积累速率最大,其次为 MM 和 MH,LH 最小。2015~2017 年,HM 第一季的花后干物质积累速率分别为 14.8 $kg \cdot ha^{-1} \cdot ℃ \cdot d^{-1}$、13.1 $kg \cdot ha^{-1} \cdot ℃ \cdot d^{-1}$、13.6 $kg \cdot ha^{-1} \cdot ℃ \cdot d^{-1}$,分别比 MM 大 3.5%、3.1%、3.0%,比 MH 大 3.5%、3.1%、3.0%,比 LH 大 13.8%、12.9%、5.4%。第二季,HM 的花前、花后干物质积累速率均最大。2015~2017 年,HM 第二季的花前干物质积累速率分别为 9.8 $kg \cdot ha^{-1} \cdot ℃ \cdot d^{-1}$、8.4 $kg \cdot ha^{-1} \cdot ℃ \cdot d^{-1}$、8.0 $kg \cdot ha^{-1} \cdot ℃ \cdot d^{-1}$,分别比 MM 大 11.4%、25.4%、1.3%,比 MH 大 10.1%、7.7%、8.1%,比 LH 大 19.5%、33.3%、40.4%;HM 第二季的花后干物质积累速率分别为 19.4 $kg \cdot ha^{-1} \cdot ℃ \cdot d^{-1}$、13.0 $kg \cdot ha^{-1} \cdot ℃ \cdot d^{-1}$、17.1 $kg \cdot ha^{-1} \cdot ℃ \cdot d^{-1}$,分别比 MM 大 6.0%、10.2%、30.5%,比 MH 大 9.6%、27.5%、42.5%,比 LH 大 7.2%、25.0%、52.7%。

四、双季玉米体系不同类别品种干物质积累量与生态因子的关系

(一)黄淮海平原双季玉米体系不同类别品种干物质积累量与生态因子的关系

黄淮海平原两季玉米干物质积累量与生态因子的关系如图 4-3 所示。第一季干物质积累量与有效积温显著线性相关($y = 0.001\,8x + 16.324\,8$),即有效积温为 2 443.1~3 134.5 ℃时,随着有效积温的增加,干物质积累量增加,有效积温每增加 100 ℃,干物质积累量增加 0.18 $Mg \cdot ha^{-1}$。第一季干物质积累量与太阳辐射量显著线性相关($y = 0.003\,6x + 13.724\,3$),即太阳辐射量为 1 781.0~2 241.3 $MJ \cdot m^{-2}$时,随着太阳辐射量的增加,干物质积累量增加,太

阳辐射量每增加 100 MJ · m^{-2},干物质积累量增加 0.36 Mg · ha^{-1}。第一季干物质积累量与降水量无显著相关关系。第二季干物质积累量与有效积温显著线性相关($y=0.013\ 0x-18.964\ 2$),即有效积温为 2 183.2 ~ 2 731.0 ℃时,随着有效积温的增加,干物质积累量增加,有效积温每增加 100 ℃,干物质积累量增加 1.30 Mg · ha^{-1}。第二季干物质积累量与太阳辐射量显著线性相关($y=0.012\ 4x-3.781\ 2$),即太阳辐射量为 1 096.8 ~ 1 689.4 MJ · m^{-2}时,随着太阳辐射量的增加,干物质积累量增加。第二季干物质积累量与降水量无显著相关关系。

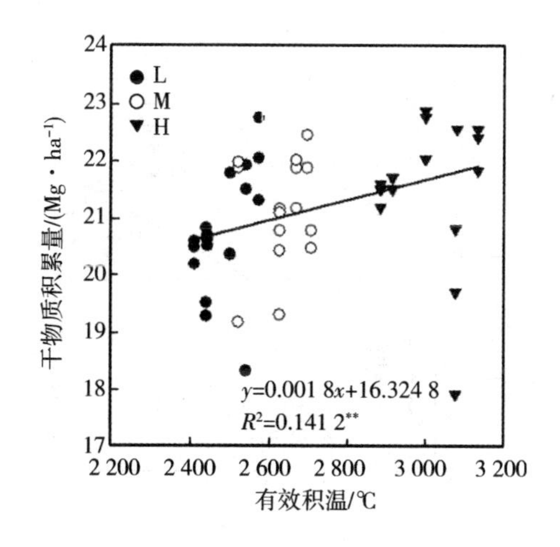

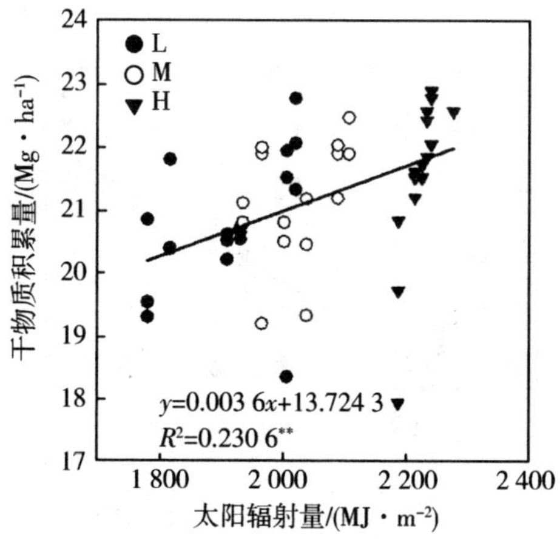

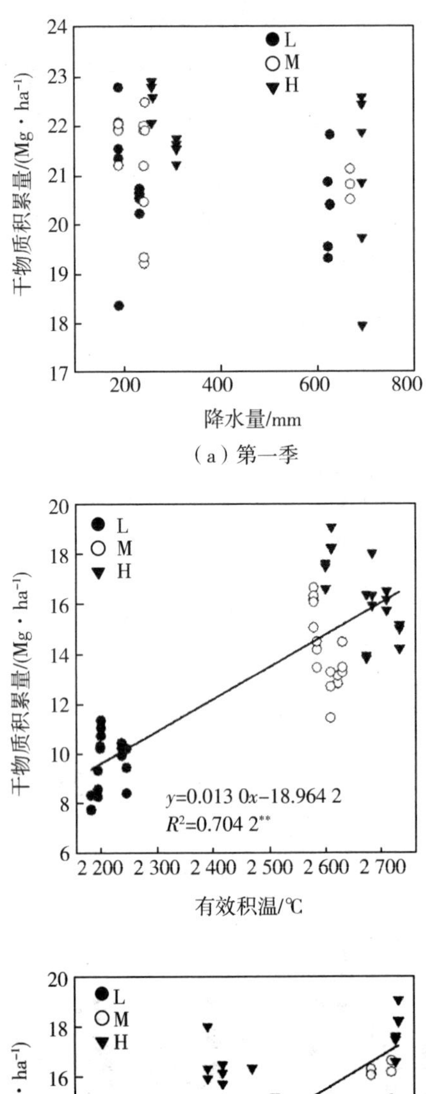
干物质积累量/(Mg · ha⁻¹)
L
M
H
降水量/mm
有效积温/℃
y=0.013 0x−18.964 2
R²=0.704 2**
太阳辐射量/(MJ · m⁻²)
y=0.012 4x−3.781 2
R²=0.557 5**

（a）第一季

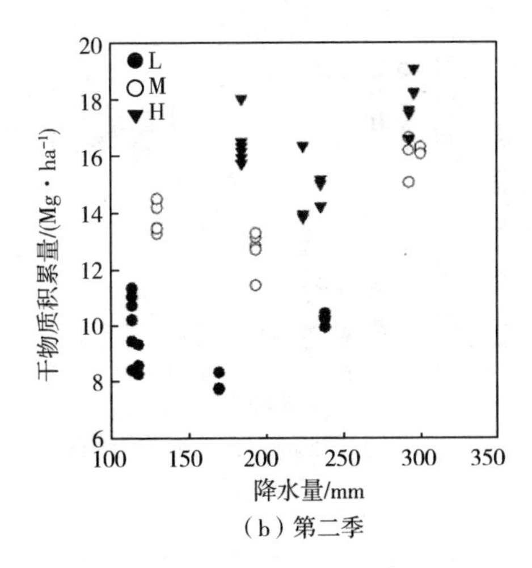

图 4-3 黄淮海平原两季玉米干物质积累量与生态因子的关系

注:R^2 为决定系数;** 表示在 0.01 水平上相关显著。

(二)长江中游地区双季玉米体系不同类别品种干物质积累量与生态因子的关系

长江中游地区两季玉米干物质积累量与生态因子的关系如图 4-4 所示。第一季干物质积累量与有效积温显著线性相关($y=0.012\ 8x-16.256\ 9$),即有效积温为 2 222.2~2 829.1 ℃时,随着有效积温的增加,干物质积累量增加,有效积温每增加 100 ℃,干物质积累量增加 1.28 Mg·ha^{-1}。第一季干物质积累量与太阳辐射量显著线性相关($y=0.009\ 2x+0.970\ 9$),即太阳辐射量为 1 426.4~2 010.7 MJ·m^{-2}时,随着太阳辐射量的增加,干物质积累量增加,太阳辐射量每增加 100 MJ·m^{-2},干物质积累量增加 0.92 Mg·ha^{-1}。第一季干物质积累量与降水量无显著相关关系。第二季干物质积累量与有效积温显著线性相关($y=-0.005\ 6x+31.426\ 1$),即有效积温为 2 532.8~3 017.7 ℃时,随着有效积温的增加,干物质积累量减少。第二季干物质积累量与太阳辐射量显著线性相关($y=-0.009\ 3x+31.579\ 9$),即太阳辐射量为 1 445.2~1 723.4 MJ·m^{-2}时,随着太阳辐射量的增加,干物质积累量减少。第二季干物质积累量与降水量显著线性相关($y=-0.021\ 1x+23.073\ 0$),随着降水量的增加,干物质积累量减少。

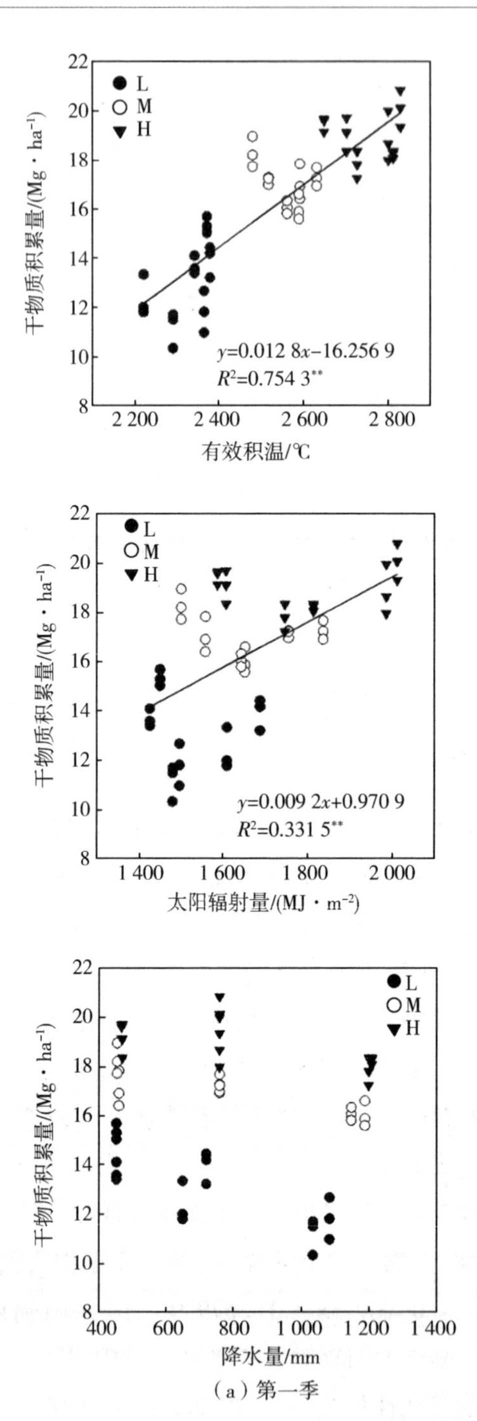

L
M
H
干物质积累量/(Mg · ha⁻¹)
y=0.012 8x−16.256 9
R²=0.754 3**
有效积温/℃
y=0.009 2x+0.970 9
R²=0.331 5**
太阳辐射量/(MJ · m⁻²)
降水量/mm

（a）第一季

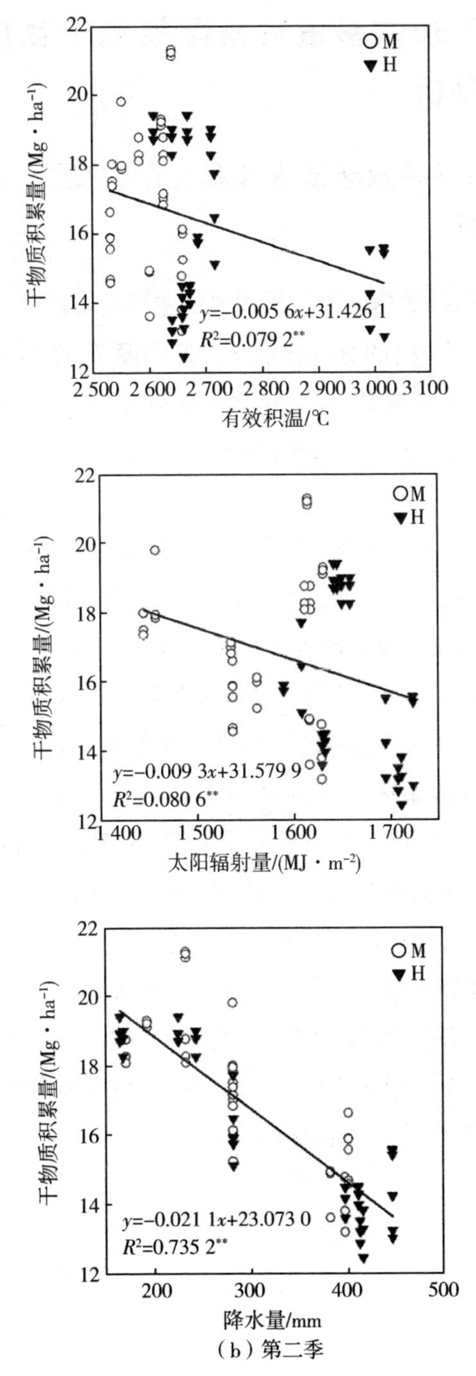

（b）第二季

图 4-4　长江中游地区两季玉米干物质积累量与生态因子的关系

注：R^2 为决定系数；** 表示在 0.01 水平上相关显著。

五、双季玉米体系适宜搭配模式干物质积累与生态因子的相关性分析

（一）黄淮海平原双季玉米体系花前、花后干物质积累与生态因子的相关性分析

为了探明该地区两季影响干物质积累的主要生态因子，我们对两季玉米播种至吐丝阶段（花前阶段）的有效积温 T_G、日均温 T、日均高温 T_{max}、日均低温 T_{min}、太阳辐射量 R_a、降水量 P_r，以及吐丝至成熟阶段（花后阶段）的 T_G、T、T_{max}、T_{min}、R_a、P_r 等主要生态因子与干物质积累的相关性进行分析，见表 4－3，表中数值为相关系数。

由表 4－3 可知，黄淮海平原双季玉米体系第一季的花前干物质积累量与对应阶段的 T_{min}、R_a、P_r 均无显著相关关系，与对应阶段的 T_G、T、T_{max} 显著正相关（$p<0.01$），其相关系数的绝对值表现为 $T_G>T>T_{max}$；第一季的花后干物质积累量与对应阶段的 T、T_{max}、R_a、P_r 均无显著相关关系，与对应阶段的 T_G 和 T_{min} 显著负相关（$p<0.01$），其相关系数的绝对值表现为 $T_G>T_{min}$。

该地区双季玉米体系第一季的花前干物质积累持续时间与对应阶段的 T_{min}、R_a、P_r 均无显著相关关系，与对应阶段的 T_G、T、T_{max} 显著正相关（$p<0.01$）；第一季的花后干物质积累持续时间与对应阶段的 T、T_{max}、R_a、P_r 均无显著相关关系，与对应阶段的 T_G、T_{min} 显著正相关（$p<0.01$）。

该地区双季玉米体系第一季的花前干物质积累速率与对应阶段的 T_{max}、R_a 均无显著相关关系，与对应阶段的 T_G、T、T_{min}、P_r 显著正相关（$p<0.01$）；第一季的花后干物质积累速率与对应阶段的 T_{max}、R_a、P_r 均无显著相关关系，与对应阶段的 T_G、T、T_{min} 显著负相关（$p<0.01$）。

表 4-3 黄淮海平原双季玉米体系花前、花后干物质积累与生态因子的相关性

生育时期	项目	第一季						第二季					
		T_G	T	T_{max}	T_{min}	R_a	P_r	T_G	T	T_{max}	T_{min}	R_a	P_r
花前阶段	干物质积累量	0.78**	0.72**	0.62**	0.22	0.13	0.21	0.80**	0.44**	0.28	0.47**	0.09	0.32
	干物质积累持续时间	0.98**	0.96**	0.90**	0.28	-0.01	0.28	0.94**	0.65**	0.55	0.70**	-0.29	-0.11
	干物质积累速率	0.50**	0.53**	0.27	0.64**	-0.13	0.75**	0.53**	0.17	0.15	0.19	0.32	0.54**
花后阶段	干物质积累量	-0.62**	-0.27	0.02	-0.48**	-0.04	-0.17	0.65**	0.21	0.26	0.17	0.37*	0.01
	干物质积累持续时间	0.94**	0.43	0.08	0.67**	0.08	0.31	0.85**	0.33	0.49**	0.34	0.48**	0.35
	干物质积累速率	-0.79**	-0.39**	-0.05	-0.63**	-0.16	-0.05	0.42*	0.08	0.11	0.08	0.22	-0.23

注：* 表示在 0.05 水平上相关显著；* * 表示在 0.01 水平上相关显著。

结果表明，在花前、花后阶段，温度是影响该地区第一季玉米干物质积累的主要生态因子。

该地区双季玉米体系第二季的花前干物质积累量与对应阶段的 T_{max}、R_a、P_r 均无显著相关关系，与对应阶段的 T_G、T、T_{min} 显著正相关（$p<0.01$），其相关系数的绝对值表现为 $T_G>T_{min}>T$；第二季的花后干物质积累量与对应阶段的 T、T_{max}、T_{min}、P_r 均无显著相关关系，与对应阶段的 T_G（$p<0.01$）、R_a（$p<0.05$）显著正相关，其相关系数的绝对值表现为 $T_G>R_a$。

该地区双季玉米体系第二季的花前干物质积累持续时间与对应阶段的 T_{max}、R_a、P_r 均无显著相关关系，与对应阶段的 T_G、T、T_{min} 显著正相关（$p<0.01$）；第二季的花后干物质积累持续时间与对应阶段的 T、T_{min}、P_r 均无显著相关关系，与对应阶段的 T_G、T_{max}、R_a 显著正相关（$p<0.01$）。

该地区双季玉米体系第二季的花前干物质积累速率与对应阶段的 T、T_{max}、T_{min}、R_a 均无显著相关关系，与对应阶段的 T_G、P_r 显著正相关（$p<0.01$）；第二季的花后干物质积累速率与对应阶段的 T、T_{max}、T_{min}、R_a、P_r 均无显著相关关系，与对应阶段的 T_G 显著正相关（$p<0.05$）。

结果表明，在花前、花后阶段，温度是影响该地区第二季玉米干物质积累的主要生态因子。

（二）长江中游地区双季玉米体系花前、花后干物质积累与生态因子的相关性分析

长江中游地区双季玉米体系花前、花后干物质积累与生态因子的相关性见表 4－4。由表 4－4 可知，该地区双季玉米体系第一季的花前干物质积累量与对应阶段的 R_a、P_r 均无显著相关关系，与对应阶段的 T_G、T、T_{max}、T_{min} 显著正相关（$p<0.01$），其相关系数的绝对值表现为 $T_G>T>T_{max}>T_{min}$；第一季的花后干物质积累量与对应阶段的 T_G、T、T_{max}、T_{min}、R_a 均显著正相关（$p<0.01$），与对应阶段的 P_r 显著负相关（$p<0.01$），其相关系数的绝对值表现为 $T_G>T_{min}>T>T_{max}>R_a>P_r$。

表 4-4 长江中游地区双季玉米体系花前、花后干物质积累与生态因子的相关性

生育时期	项目	第一季						第二季					
		T_G	T	T_{max}	T_{min}	R_a	P_r	T_G	T	T_{max}	T_{min}	R_a	P_r
花前阶段	干物质积累量	0.79**	0.46**	0.44**	0.43**	0.16	0.01	-0.42**	-0.36**	-0.35**	-0.39**	-0.41**	-0.16
	干物质积累持续时间	0.99**	0.66**	0.62**	0.65**	0.08	-0.03	0.90**	0.49**	0.39**	0.58**	-0.10	0.83**
	干物质积累速率	0.37**	0.18	0.16	0.13	0.17	0.03	-0.85**	-0.61**	-0.54**	-0.68**	-0.23	-0.60**
花后阶段	干物质积累量	0.69**	0.53**	0.49**	0.57**	0.43**	-0.31**	-0.78**	-0.77**	-0.60**	-0.83**	0.33**	-0.68**
	干物质积累持续时间	0.97**	0.32**	0.26*	0.40**	0.46**	0.14	0.98**	0.57**	0.52**	0.61**	-0.12	0.31**
	干物质积累速率	0.06	0.43**	0.44**	0.42**	0.16	-0.56**	-0.86**	-0.77**	-0.61**	-0.83**	0.31**	-0.64**

注：* 表示在 0.05 水平上相关显著；* * 表示在 0.01 水平上相关显著。

该地区双季玉米体系第一季的花前干物质积累持续时间与对应阶段的 R_a、P_r 均无显著相关关系，与对应阶段的 T_G、T、T_{max}、T_{min} 均显著正相关（$p<0.01$）；第一季的花后干物质积累持续时间与对应阶段的 P_r 无显著相关关系，与对应阶段的 T_G、T、T_{max}、T_{min}、R_a 均显著正相关。

该地区双季玉米体系第一季的花前干物质积累速率与对应阶段的 T、T_{max}、T_{min}、R_a、P_r 均无显著相关关系，与对应阶段的 T_G 显著正相关（$p<0.01$）；第一季的花后干物质积累速率与对应阶段的 T_G、R_a 均无显著相关关系，与对应阶段的 T、T_{max}、T_{min} 显著正相关（$p<0.01$），与对应阶段的 P_r 显著负相关（$p<0.01$）。

结果表明：在花前阶段，温度是影响该地区第一季玉米干物质积累的主要生态因子；在花后阶段，温度和降水量是影响该地区第一季玉米干物质积累的主要生态因子。

该地区双季玉米体系第二季的花前干物质积累量与对应阶段的 P_r 无显著相关关系，与对应阶段的 T_G、T、T_{max}、T_{min}、R_a 均显著负相关（$p<0.01$），其相关系数的绝对值表现为 $T_G>R_a>T_{min}>T>T_{max}$；第二季的花后干物质积累量与对应阶段的 T_G、T、T_{max}、T_{min}、P_r 均显著负相关（$p<0.01$），与对应阶段的 R_a 显著正相关（$p<0.01$），其相关系数的绝对值表现为 $T_{min}>T_G>T>P_r>T_{max}>R_a$。

该地区双季玉米体系第二季的花前干物质积累持续时间与对应阶段的 R_a 无显著相关关系，与对应阶段的 T_G、T、T_{max}、T_{min}、P_r 均显著正相关（$p<0.01$）；第二季的花后干物质积累持续时间与对应阶段的 R_a 无显著相关关系，与对应阶段的 T_G、T、T_{max}、T_{min}、P_r 均显著正相关（$p<0.01$）。

该地区双季玉米体系第二季的花前干物质积累速率与对应阶段的 R_a 无显著相关关系，与对应阶段的 T_G、T、T_{max}、T_{min}、P_r 均显著负相关（$p<0.01$）；第二季的花后干物质积累速率与对应阶段的 T_G、T、T_{max}、T_{min}、P_r 均显著负相关（$p<0.01$），与对应阶段的 R_a 显著正相关（$p<0.01$）。

结果表明：在花前阶段，温度是影响该地区第二季玉米干物质积累的主要生态因子；在花后阶段，温度和降水量是影响该地区第二季玉米干物质积累的主要生态因子。

六、双季玉米体系适宜搭配模式干物质积累量与生态因子的定量关系

(一)黄淮海平原双季玉米体系花前、花后干物质积累量与生态因子的定量关系

为探明黄淮海平原双季玉米体系花前、花后干物质积累量与生态因子的定量关系,我们对两季玉米干物质积累量随生态因子变化的规律进行分析。该地区第一季花前干物质积累量与生态因子的关系如图4-5所示。由图4-5可知:第一季花前阶段的干物质积累量(y)与有效积温(x)显著线性相关($y=0.0140x-1.1354$),当花前阶段的有效积温高于662 ℃时,干物质积累量显著增加;干物质积累量(y)与日均温(x)显著线性相关($y=2.8792x-46.8046$),当花前阶段的日均温高于19.0 ℃时,干物质积累量显著增加;干物质积累量(y)与日均高温(x)显著线性相关($y=1.5846x-29.7050$),当花前阶段的日均高温高于24.0 ℃时,干物质积累量显著增加。

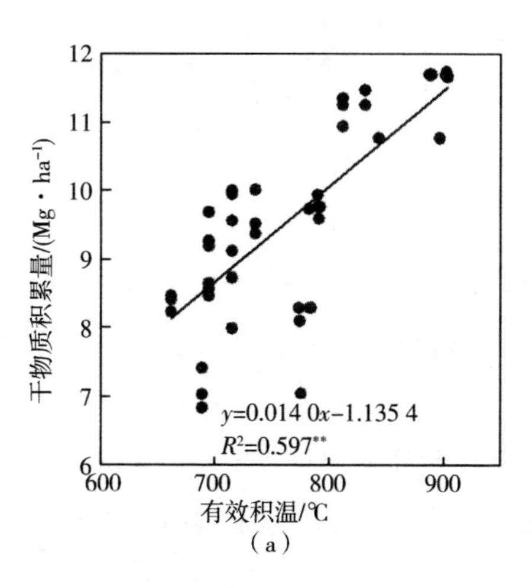

(a)

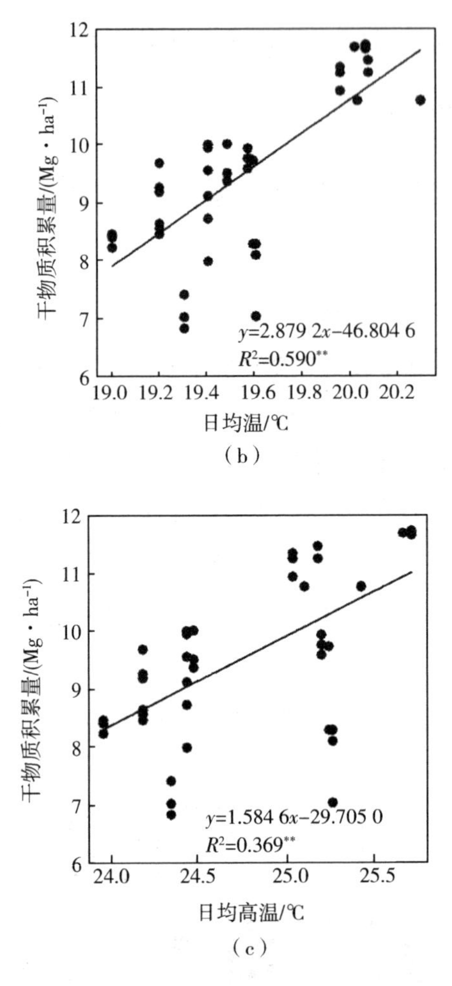

图 4－5　第一季花前干物质积累量与生态因子的关系(黄淮海平原)

注:R^2 为决定系数; ** 表示在 0.01 水平上相关显著。

该地区第一季花后干物质积累量与生态因子的关系如图 4－6 所示。由图 4－6 可知:第一季花后阶段的干物质积累量(y)与有效积温(x)显著线性相关($y = -0.008\ 5x + 17.769\ 0$),当花后阶段的有效积温高于 600 ℃时,干物质积累量显著减少;干物质积累量(y)与日均低温(x)显著线性相关($y = -0.815\ 0x + 29.931\ 0$),当花后阶段的日均低温高于 21.5 ℃时,干物质积累量显著减少。

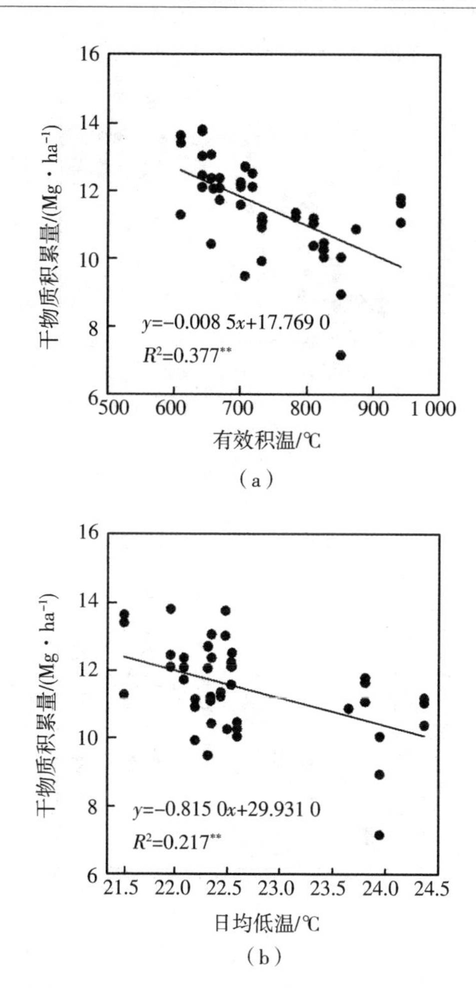

图4-6 第一季花后干物质积累量与生态因子的关系(黄淮海平原)

注:R^2 为决定系数;** 表示在0.01水平上相关显著。

该地区第二季花前、花后干物质积累量与生态因子的关系如图4-7所示。由图4-7可知:第二季花前阶段的干物质积累量(y)与有效积温(x)呈二次曲线变化趋势($y=-0.000\ 05x^2+0.104\ 0x-47.045\ 0$),即随着有效积温的增加,干物质积累量先增加后减少,有效积温为1 040 ℃时,干物质积累量达到最大;第二季花后阶段的干物质积累量(y)与有效积温(x)呈二次曲线变化趋势($y=-0.000\ 1x^2+0.132\ 0x-26.423\ 0$),即随着有效积温的增加,干物质积累量先增加后减少,有效积温为660 ℃时,干物质积累量达到最大。

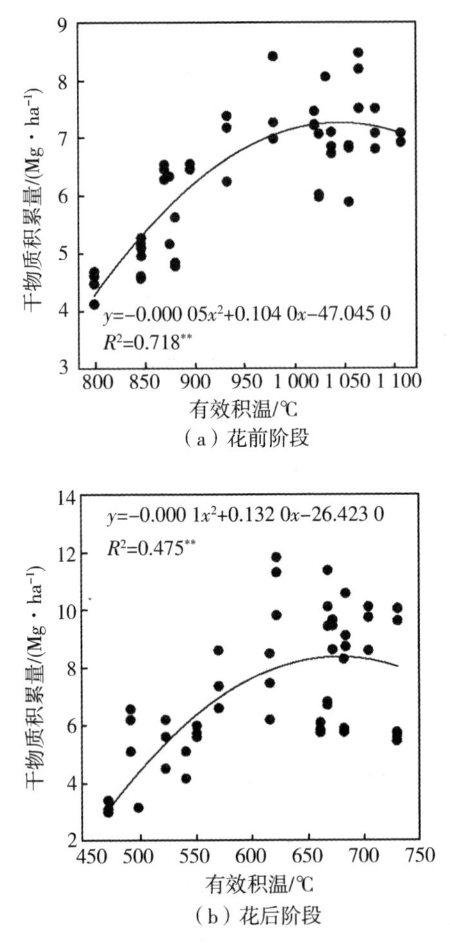

（a）花前阶段

（b）花后阶段

图 4－7　第二季花前、花后干物质积累量与生态因子的关系（黄淮海平原）

注：R^2 为决定系数；** 表示在 0.01 水平上相关显著。

（二）长江中游地区双季玉米体系花前、花后干物质积累量与生态因子的定量关系

为探明长江中游地区双季玉米体系花前、花后干物质积累量与生态因子的定量关系，我们对两季玉米干物质积累量随生态因子变化的规律进行分析。该地区第一季花前干物质积累量与生态因子的关系如图 4－8 所示。由图 4－8 可知：第一季花前阶段的干物质积累量（y）与有效积温（x）显著线性相关（$y = 0.015\ 8x - 3.500\ 0$），即有效积温为 525～765 ℃时，干物质积累量随有效积温

的增加而增加，有效积温每增加 100 ℃，干物质积累量增加 1.58 Mg · ha^{-1}；干物质积累量(y)与日均温(x)显著线性相关($y=0.536\ 1x-3.219\ 7$)，即日均温为 15.5～20.5 ℃时，干物质积累量随日均温的增加而增加，日均温每增加 1 ℃，干物质积累量增加 0.54 Mg · ha^{-1}；干物质积累量(y)与日均高温(x)呈二次曲线变化趋势($y=-0.767\ 0x^2+35.743x-408.360\ 0$)，即随着日均高温的升高，干物质积累量先增加后减少，当日均高温为 23.3 ℃时，干物质积累量达到最大；干物质积累量(y)与日均低温(x)显著线性相关($y=0.566\ 5x-1.574\ 6$)，即日均低温为 13.0～16.5 ℃时，干物质积累量随日均低温的升高而增加，日均低温每升高 1 ℃，干物质积累量增加 0.57 Mg · ha^{-1}。

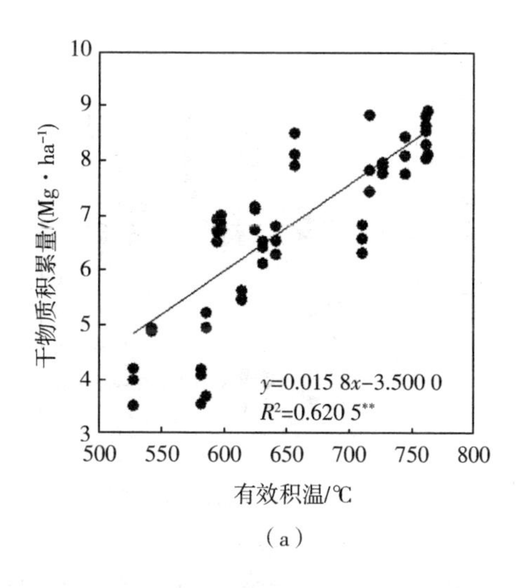

(a)

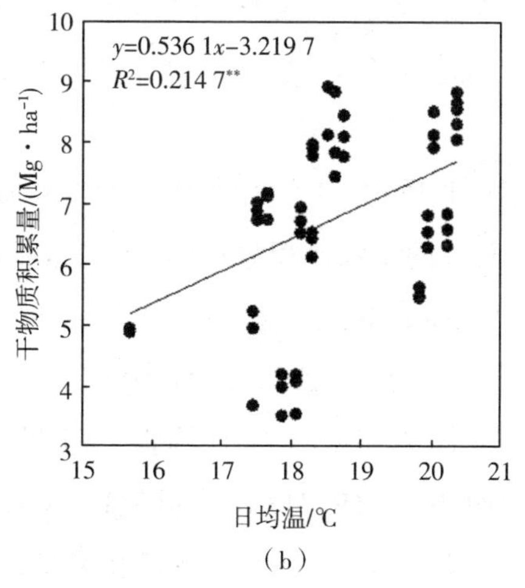

(b)

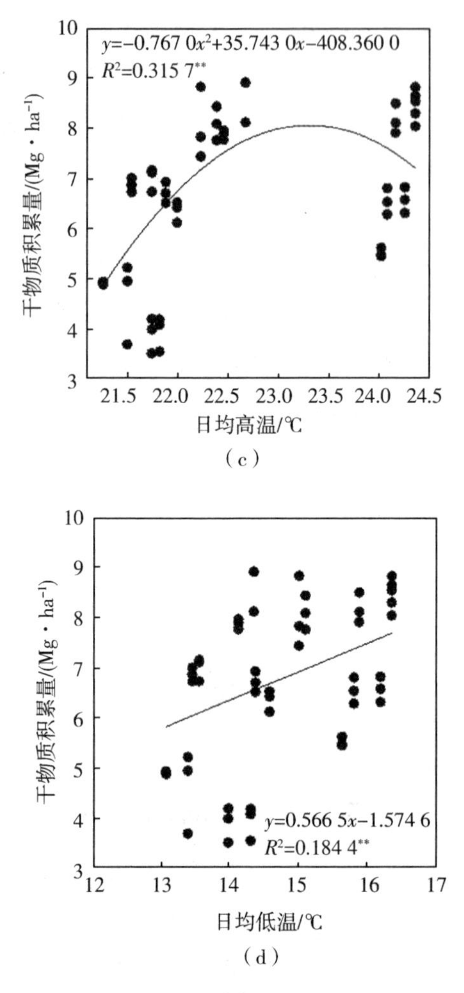

图4-8　第一季花前干物质积累量与生态因子的关系(长江中游地区)

注:R^2 为决定系数;** 表示在0.01水平上相关显著。

该地区第一季花后干物质积累量与生态因子的关系如图4-9所示。由图4-9可知:第一季花后阶段的干物质积累量(y)与有效积温(x)显著线性相关($y=0.013\ 5x-0.393\ 7$),即有效积温为615~835 ℃时,干物质积累量随有效积温的增加而增加,有效积温每增加100 ℃,干物质积累量增加1.35 Mg·ha^{-1};干物质积累量(y)与日均温(x)呈二次曲线变化趋势($y=-0.357\ 2x^2+20.045\ 0x-269.749\ 0$),即随着日均温的升高,干物质积累量先增加后减少,当日均温为28.1 ℃时,干物质积累量达到最大;干物质积累量(y)与日均高温(x)呈二次曲线变化趋势($y = -0.287\ 7x^2 + 18.242\ 7x - 277.560\ 0$),即随着日均高温的升高,干物质积累量先增加后减少,当日均高温为31.7 ℃时,干物质积累量达到最大;干物质积累量(y)与日均低温(x)呈二次曲线变化趋势($y = -0.418\ 4x^2 + 20.447\ 0x - 238.549\ 0$),即随着日均低温的升高,干物质积累量先增加后减少,当日均低温为24.4 ℃时,干物质积累量达到最大。

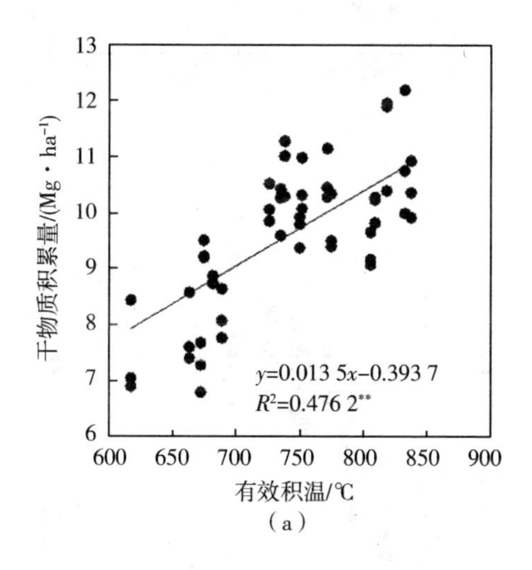

(a)

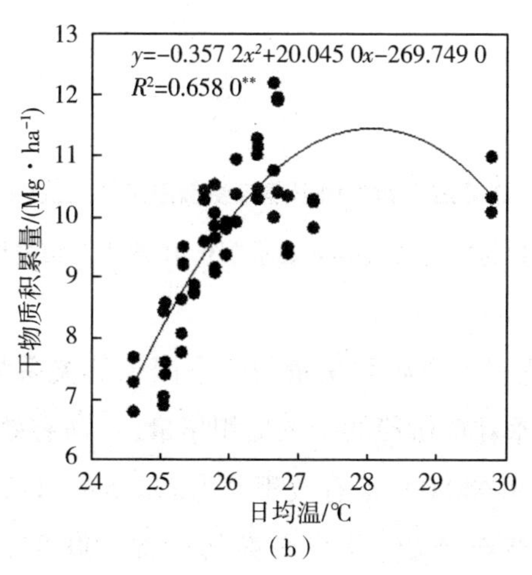

(b)

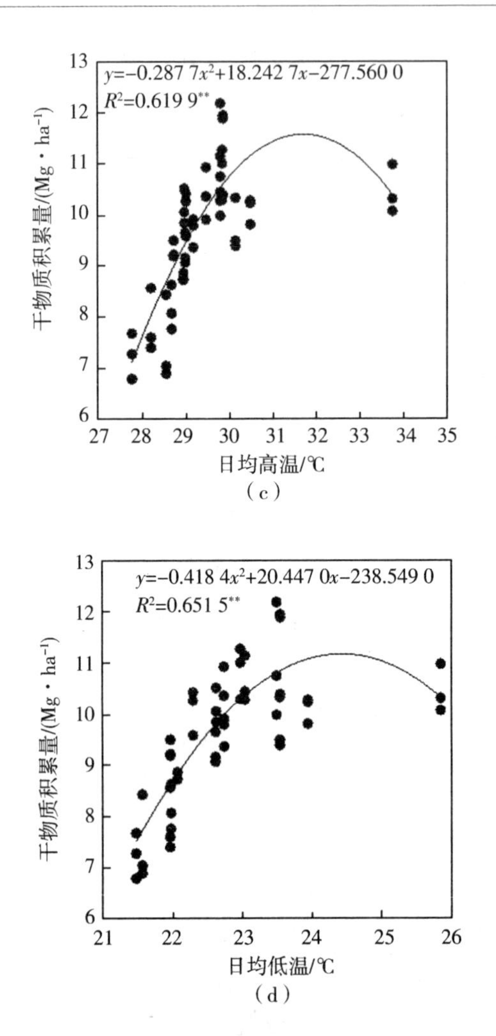

图4-9 第一季花后干物质积累量与生态因子的关系(长江中游地区)

注:R^2 为决定系数;** 表示在0.01水平上相关显著。

该地区第二季花前干物质积累量与生态因子的关系如图4-10所示。由图4-10可知:第二季花前阶段的干物质积累量(y)与有效积温(x)显著线性相关($y=-0.002\ 9x+9.480\ 0$),即有效积温为792.5~1 142.6 ℃时,干物质积累量随有效积温的升高而增加,有效积温每增加100 ℃,干物质积累量减少0.29 Mg·ha^{-1};干物质积累量(y)与日均温(x)呈二次曲线变化趋势($y=-0.265\ 7x^2+15.195\ 8x-210.064\ 0$),即随着日均温的升高,干物质积累量先增加后减少,当日均温为28.6 ℃时,干物质积累量达到最大;干物质积累量(y)与日均高温(x)呈二次曲线变化趋势($y=-0.177\ 0x^2+11.485\ 6x-179.247\ 5$),即随着日均高温的升高,干物质积累量先增加后减少,当日均高温为 32.4 ℃时,干物质积累量达到最大;干物质积累量(y)与日均低温(x)呈二次曲线变化趋势($y=-0.251\ 8x^2+12.372\ 5x-144.779\ 0$),即随着日均低温的升高,干物质积累量先增加后减少,当日均低温为 24.6 ℃时,干物质积累量达到最大。

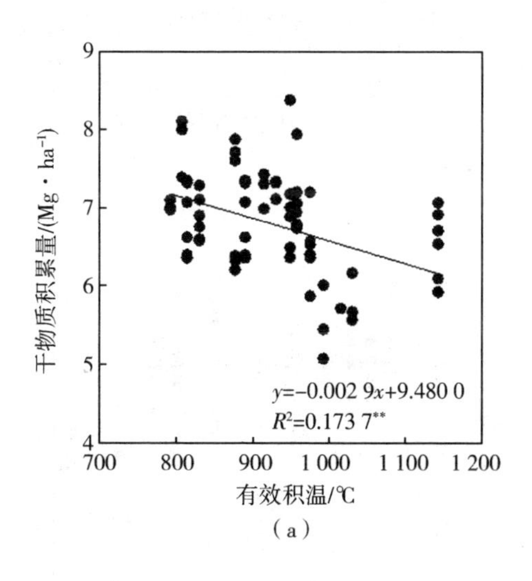

(a)

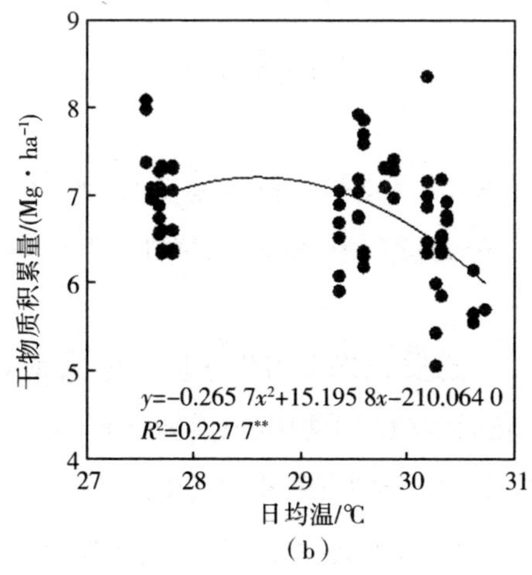

(b)

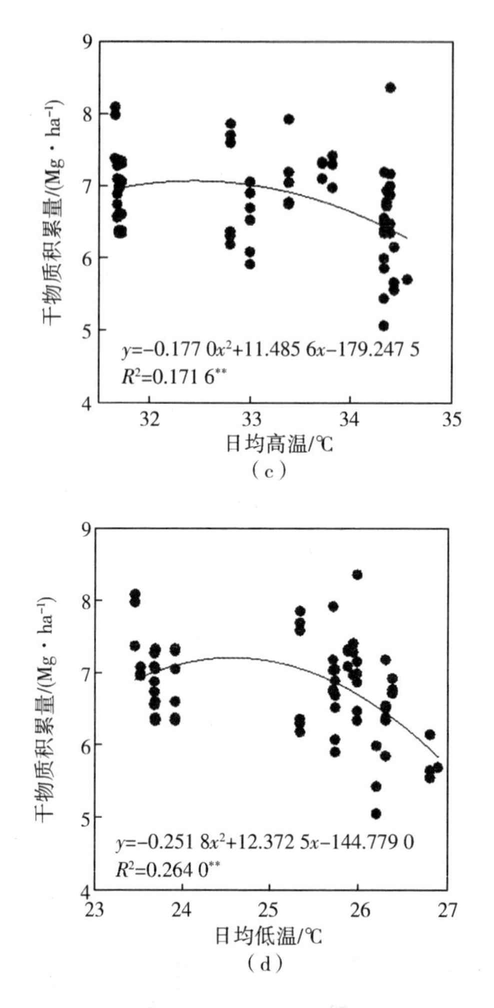

图 4-10　第二季花前干物质积累量与生态因子的关系(长江中游地区)

注:R^2 为决定系数; ** 表示在 0.01 水平上相关显著。

该地区第二季花后干物质积累量与生态因子的关系如图 4-11 所示。由图 4-11 可知:第二季花后阶段的干物质积累量(y)与有效积温(x)显著线性相关($y=-0.040\ 2x+37.594\ 0$),即有效积温为 633.2~757.1 ℃时,干物质积累量随有效积温的增加而减少,有效积温每增加 100 ℃,干物质积累量减少 4.02 Mg · ha^{-1};干物质积累量(y)与日均温(x)显著线性相关($y=-1.024\ 6x+31.407\ 0$),即日均温为 18.7~23.9 ℃时,干物质积累量随日均温的升高而减少,日均温每升高 1 ℃,干物质积累量减少 1.02 Mg · ha^{-1};干物质积累量(y)与日均高温(x)显著线性相关($y = -0.885\ 9x + 32.055\ 0$),即日均高温为22.9~28.3 ℃时,干物质积累量随日均高温的升高而减少,日均高温每升高1 ℃,干物质积累量减少0.89 Mg·ha^{-1};干物质积累量(y)与日均低温(x)显著线性相关($y = -0.899\ 7x + 25.104\ 0$),即日均低温为14.5~20.4 ℃时,干物质积累量随日均低温的升高而减少,日均低温每升高1 ℃,干物质积累量减少0.90 Mg·ha^{-1};干物质积累量(y)与降水量(x)显著线性相关($y = -0.015\ 3x + 12.431\ 7$),即降水量为56.8~330.7 mm时,干物质积累量随降水量的增加而减少,降水量每增加100 mm,干物质积累量减少1.53 Mg·ha^{-1}。

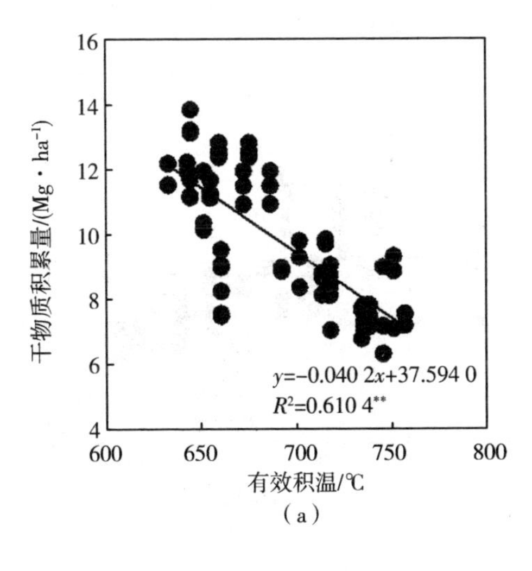

(a)

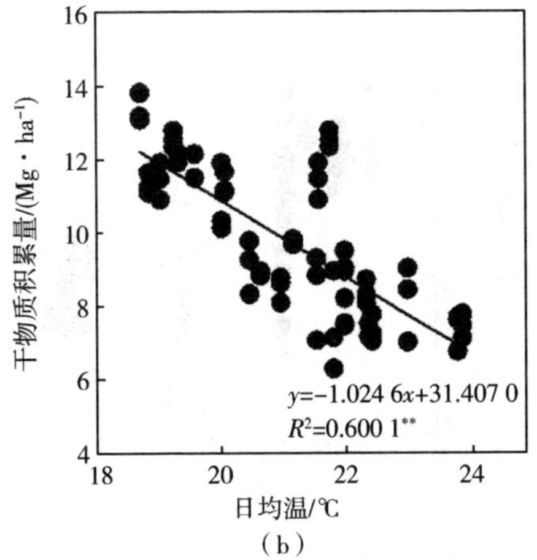

(b)

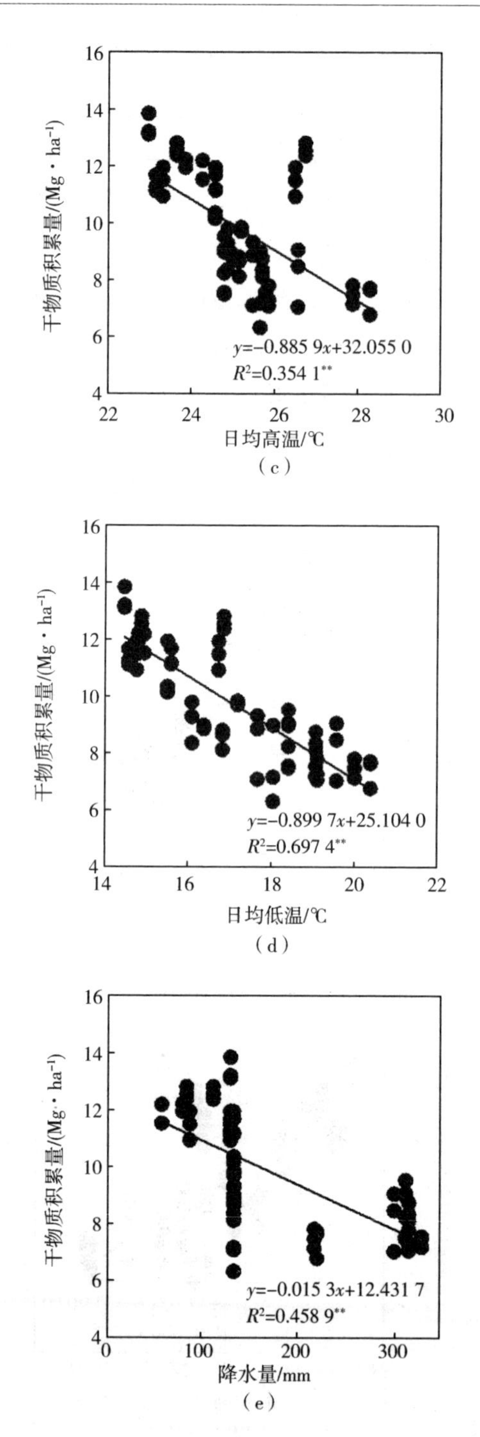

图 4－11　第二季花后干物质积累量与生态因子的关系(长江中游地区)

注:R^2 为决定系数; ** 表示在 0.01 水平上相关显著。

第三节 讨论

影响玉米生长发育的主要生态因子为温度、太阳辐射量和降水量等。作物通过调节自身的生长发育进程来适应环境的变化,关于生态因子对不同品种玉米生长发育的影响已有很多研究,这充分显示了提升玉米品种对生态条件变化的适应能力是提高双季玉米体系产量的关键。在确定了黄淮海平原和长江中游地区双季玉米体系适宜的搭配模式(黄淮海平原为LH、MM和HL;长江中游地区为LH、MM、MH和HM)的基础上,我们进一步研究满足两地区两季有效积温需求并获得高产的玉米品种的决定性生态因子。我们在黄淮海平原和长江中游地区利用两季不同的生态条件,研究玉米产量形成与生态因子的相关性。

一、双季玉米体系不同搭配模式产量形成与干物质积累量的关系

在黄淮海平原,2015~2017年,LH的产量均最高,HL均最低,可见应在第一季选择L类别品种(有效积温需求低的品种),在第二季选择H类别品种(有效积温需求高的品种)。在长江中游地区,2015~2017年,HM的产量均最高,LH均最低,可见在光、温资源丰富的地区,应在第一季选择H类别品种(有效积温需求高的品种),在第二季选择M类别品种(有效积温需求中等的品种)。在这两个地区,适宜的搭配模式可以更好地适应两季完全不同的生态环境,充分利用光、温、水资源实现高产。这也证实了品种选择是有效地应对生态条件变化引起的各种挑战的关键。

干物质积累量是影响玉米产量的主要因素。本书的研究结果表明:不同搭配模式的干物质积累量与产量的变化趋势一致,即2015~2017年,黄淮海平原LH的产量最高,其干物质积累量也最大,HL的产量最低,其干物质积累量也最小;黄淮海平原的周年产量与第二季的产量和干物质积累量显著正相关($r=0.97^{**}$,$r=0.92^{**}$),第一季的产量和干物质积累量对周年产量影响不大;长江中游地区HM的产量最高,其干物质积累量也最大,LH的产量最低,其干物质积累量也最小;在光、温资源充沛的长江中游地区,双季玉米体系的周年产量与

第一季的产量和干物质积累量显著正相关($r=0.94^{**}$, $r=0.61^{**}$),与第二季的产量和干物质积累量显著正相关($r=0.95^{**}$, $r=0.91^{**}$)。因此,增加第二季的干物质积累量是提高双季玉米体系周年产量的关键。

二、生态因子对双季玉米体系不同搭配模式干物质积累的影响

生态因子是影响玉米产量和干物质积累的主要因素。为了研究影响不同生态区双季玉米体系周年产量形成的主要生态因子,我们对两季玉米花前阶段、花后阶段的主要生态因子(T_G、T、T_{max}、T_{min}、R_a、P_r)与干物质积累量、干物质积累持续时间、干物质积累速率的相关性进行分析。影响玉米干物质积累的主要因素是品种的生育进程和生长速度。第一季,黄淮海平原双季玉米体系 LH 的花前干物质积累持续时间、干物质积累速率均小于 MM 和 HL;LH 的花后干物质积累持续时间显著小于 MM 和 HL,干物质积累速率显著大于 MM 和 HL;LH 的花前干物质积累量显著小于 MM 和 HL,花后干物质积累量显著大于 MM 和 HL。3 种搭配模式在第一季的产量差异不显著。然而在第二季,LH 的花前、花后干物质积累持续时间和干物质积累速率均显著大于 MM 与 HL,其干物质积累量显著大于 MM 和 HL,因此 3 种搭配模式在第二季的干物质积累量和产量差异显著。这一结果与已有的研究结果一致,即自 20 世纪 80 年代以来,黄淮海平原玉米产量的提高主要缘于玉米生育期的延长和生长速率的增大。该研究结果进一步证明,黄淮海平原第二季的干物质积累量是决定双季玉米体系周年产量和周年干物质积累量的主要因素。

长江中游地区双季玉米体系 HM 第一季的花前、花后干物质积累持续时间和干物质积累速率均大于 MH、MM、LH,因此 HM 第一季的花前、花后干物质积累量大于 MH、MM、LH,HM 第一季的产量显著高于其他 3 种搭配模式。HM 第二季的花前、花后干物质积累速率显著大于 MH、MM、LH,花前、花后干物质积累持续时间显著小于 MH、MM、LH。2015 年和 2016 年,HM 的花前干物质积累量显著大于 MH、MM、LH。2017 年,HM 的花前干物质积累量与 MH、MM 差异不显著,但显著大于 LH。2015～2017 年,HM 的花后干物质积累量大于 MH、MM、LH。长江中游地区双季玉米体系第二季的生态环境为前期高温干旱、后期低温多雨,第二季的干物质积累量与有效积温、太阳辐射量、降水量显著负相

关。因此，长江中游地区双季玉米体系第一季选择来自低纬度地区的 H 类别品种，既可以适应第一季的高温环境，也可以有效地避免第二季的品种受到高温伤害；第二季选择来自中纬度地区的 M 类别品种，可以避免后期低温多雨的影响。

三、生态因子对双季玉米体系不同搭配模式干物质积累影响的定量分析

本书的研究结果表明，温度是影响黄淮海平原双季玉米体系干物质积累的主要因素，进而影响产量，这与相关学者的研究结论一致。第一季，花前干物质积累持续时间、干物质积累速率、干物质积累量与 T_G、T、T_{max}、T_{min} 显著正相关（$p<0.01$）；花后干物质积累量和干物质积累速率与 T_G、T、T_{min} 显著负相关（$p<0.01$），花后干物质积累持续时间与 T_G、T_{min} 显著正相关（$p<0.01$）。基于回归分析，结果表明，在花前阶段，$T_G<662$ ℃、$T<19.0$ ℃或 $T_{max}<24.0$ ℃会导致 LH 的花前干物质积累持续时间缩短、干物质积累速率减小；在花后阶段，$T_G>641.4$ ℃或$T_{min}>21.5$ ℃会导致 MM、HL 的花后干物质积累速率减小。因此，这 3 种搭配模式在第一季的干物质积累量无显著差异。这可能是因为，在第一季，L 类别品种的生育期较短，在灌浆关键期避开了高温等的不利影响，有利于花后干物质的积累。可见，增加花后干物质积累量对提高粮食产量很重要，但容易受天气变化的影响。第二季，花前、花后的干物质积累量、干物质积累持续时间、干物质积累速率与 T_G、T、T_{max}、T_{min}、R_a 显著正相关。通过回归分析我们可以看出，花前 $T_G>1\ 040$ ℃或花后 $T_G>660$ ℃会导致 MM、HL 的花前、花后干物质积累持续时间缩短且干物质积累速率减小，进而导致干物质积累量减少，少于 LH 搭配模式。这主要是因为第二季 MM、HL 搭配模式中的 M 类别品种、L 类别品种多来自高纬度地区，对第二季高温、高湿的生长环境不适应，而 LH 搭配模式中的 H 类别品种多来自低纬度地区，可以更好地适应高温、高湿的生长环境。

本书的研究结果表明，在长江中游地区双季玉米体系中，影响第一季干物质积累量的主要因素为温度。第一季花前干物质积累持续时间与 T_G、T、T_{max}、T_{min} 显著正相关（$p<0.01$），干物质积累速率与 T_G 显著正相关（$p<0.01$）；第一季花后干物质积累持续时间与 T_G、T、T_{min} 显著正相关（$p<0.01$），干物质积累速

率与 T、T_{max}、T_{min}显著正相关($p<0.01$),与 P_r显著负相关($p<0.01$)。基于回归分析,结果表明,第一季花前 $T_G>550$ ℃、$T>15.5$ ℃或 $T_{max}<23.3$ ℃、$T_{min}>13.0$ ℃会导致 HM 花前干物质积累速率增大;第一季花后 $T_G>615$ ℃、$T<28.1$ ℃或 $T_{max}<31.7$ ℃、$T_{min}<24.3$ ℃会导致 HM 花后干物质积累速率增大;HM 第一季的干物质积累量显著大于 MM、MH、LH。因此,第一季选用来自低纬度地区的 H 类别品种,可以充分利用光、温资源,其对第一季苗期多雨、生育后期高温的生长环境具有良好的适应性。影响第二季干物质积累的主要因素为温度和降水量。第二季花前干物质积累持续时间与 T_G、T、T_{max}、T_{min}显著正相关($p<0.01$),干物质积累速率与 T_G、T、T_{max}、T_{min}显著负相关($p<0.01$);第二季花后干物质积累持续时间与 T_G、T、T_{max}、T_{min}显著正相关($p<0.01$),干物质积累速率与 T_G、T、T_{max}、T_{min}、P_r显著负相关($p<0.01$)。基于回归分析,结果表明,第二季花前 $T_G>792.5$ ℃、$T>28.6$ ℃、$T_{max}>32.5$ ℃或 $T_{min}>24.6$ ℃会导致 HM、MH、MM、LH 的干物质积累速率减小;第二季花后 $T_G>633.2$ ℃、$T>18.7$ ℃、$T_{max}>22.9$ ℃、$T_{min}>14.5$ ℃、$P_r>56.8$ mm 会导致 HM、MH、MM、LH 的干物质积累速率减小。第二季的生态环境是灌浆早期高温干旱、灌浆中后期低温寡照及多雨,所以选用来自中纬度地区的 M 类别品种与第一季低纬度地区的 H 类别品种搭配。第一季 H 类别品种的干物质积累持续时间较长,能够使 M 类别品种避免遭受灌浆早期的高温胁迫,所以在第二季,HM 的干物质积累量最大。

第四节 小结

在不同的搭配模式下,双季玉米体系的周年产量发生了显著变化。不同类别品种在两季不同生态条件下的干物质积累量的变化是导致周年产量发生变化的主要原因。温度是影响黄淮海平原双季玉米体系周年产量、干物质积累量的主要生态因子。3 种搭配模式在第一季的干物质积累量无显著差异,周年干物质积累量的差异主要是由第二季干物质积累量的差异造成的。当第二季花前 T_G 达 1 040 ℃、花后 T_G 达 660 ℃时,干物质积累量最大。温度、降水量是影响长江中游地区双季玉米体系周年产量和干物质积累量的主要生态因子。在第一季花前阶段,对于不同类别的玉米品种来说,当 T_G、T、T_{max}、T_{min} 分别达

762.2 ℃、18.5 ℃、23.3 ℃、14.4 ℃时，干物质积累量最大；在花后阶段，对于不同类别的玉米品种来说，当 T_G、T、T_{max}、T_{min} 分别达 832.3 ℃、28.1 ℃、31.7 ℃、24.3 ℃时，干物质积累量最大。在第二季花前阶段，对于不同类别的玉米品种来说，当 T_G、T、T_{max}、T_{min} 分别达 948.9 ℃、28.6 ℃、32.5 ℃、24.6 ℃时，干物质积累量最大；在花后阶段，当 T_G、T、T_{max}、T_{min}、P_r 分别达 659.6 ℃、21.8 ℃、26.7 ℃、16.9 ℃、82.9 mm时，干物质积累量最大。因此，根据不同地区两季的生态条件，充分利用光、温、水资源，合理选择不同类别的玉米品种进行两季搭配，调配光、温条件，满足玉米对两季生态因子的需求，是实现双季玉米体系高产的主要途径。

第五章　种植密度对双季玉米体系周年产量形成的调控效应

玉米作为粮经饲(粮食、经济、饲料)一体作物,对于保证我国国民经济的正常发展和满足人民的日常生活需要意义重大。预计到 2030 年,为了满足人民的日常生活需要,我国玉米单产需提高 30%~40%。我国一半以上地区玉米产量的提高是通过优化管理措施和增加种植密度等实现的。种植密度是影响玉米生长发育、光能利用及产量形成的主要因素,选择适宜的品种和种植密度是提高玉米产量、充分挖掘玉米产量潜力的有效措施之一。玉米产量在一定范围内随种植密度的增大而上升,但超过适宜的种植密度时,群体叶面积指数、光合特性和干物质积累量会随种植密度的增大而减少,最终引起产量下降。

籽粒灌浆进程对玉米产量形成具有决定性的作用。籽粒的灌浆速率和灌浆持续时间共同影响产量。玉米产量形成的关键时期是灌浆期,籽粒的灌浆情况直接决定粒重。温度升高,灌浆持续时间会缩短,使灌浆速率、粒重减小。种植密度对籽粒的形成和影响灌浆的指标等具有显著的影响。我们通过 Logistic 方程对玉米籽粒的灌浆过程进行模拟,将其分为三个阶段:灌浆渐增期、灌浆快增期和灌浆缓增期。研究结果表明,种植密度主要影响籽粒的灌浆速率(灌浆快增期和灌浆缓增期)和灌浆持续时间,进而影响玉米粒重。

玉米产量是光合作用产生的有机物通过积累、分配和转运而形成的。玉米花前干物质的积累主要用于营养器官的形成和生长;花后干物质的积累主要用于籽粒形成。干物质积累量的增加是产量提高的基础,而花后干物质的积累和转运是影响玉米产量潜力的主要因素。在不同的种植密度下,在花前阶段,玉米单株干物质积累量的差异不显著,但在花后阶段,随着种植密度的增大,玉米单株干物质积累量逐渐减少，从而引起群体干物质积累量的变化。

双季玉米体系作为一种新型高产高效种植模式，具有光、温生产效率高和经济效益好等优点。基于双季玉米体系适宜的搭配模式，目前限制两季玉米产量提高的主要因素是种植密度。因此，本章针对两季的生态条件，将不同类别品种与种植密度进行合理配置，通过研究不同种植密度下不同类别品种的产量及产量构成、籽粒灌浆、干物质积累与转运等，探讨双季玉米体系中种植密度对不同类别品种产量形成的调控效应，确定适合黄淮海平原和长江中游地区双季玉米体系的种植密度，为两地区双季玉米体系的高产高效栽培提供一定的理论依据和技术支持。

第一节　材料与方法

一、试验地概况

试验于2016～2017年在新乡试验基地和武穴试验基地进行。其他试验地概况同第二章。

二、试验设计

在黄淮海平原和长江中游地区双季玉米体系中，两季的种植密度分别设置为6.75×10^4株·ha^{-1}（D_1）、8.25×10^4株·ha^{-1}（D_2）和9.75×10^4株·ha^{-1}（D_3），根据种植密度调整株距，按照不同的种植密度要求进行拉线、人工点播，试验重复3次，其他试验设计同第三章。

三、测定内容与方法

(一)生育时期

同第二章。

(二)产量及产量相关指标

在玉米籽粒生理成熟后,选取小区内中间无破坏的 2 行($12\ m^2$)统计穗数(穗粒数小于 20 粒视为无效穗),称取总鲜重,计算平均穗重,选取接近平均穗重的样穗 10 穗,自然风干后于室内考种。考种采用手工单穗脱粒,考查穗长、穗粗、穗粒数、千粒重、穗行数、行粒数、含水量等。

籽粒含水量:用 PM－8188－A 谷物水分测定仪测定,重复 3 次,取平均值。将产量均换算成 14% 安全含水量的结果。

实收穗数:在收获之前,计算各小区内的有效穗数,以确定小区的实收穗数。

穗粒数:选取 10 个果穗手动计数(穗行数、行粒数),计算穗粒数(穗粒数 = 穗行数 × 行粒数)。

千粒重:在每个处理组中随机选取 500 个籽粒作为样品称重(测量误差不超过 0.2 g),每个处理组重复称重 3 次,称重后再根据 PM－8188－A 谷物水分测定仪测定的籽粒含水量换算成含水量为 14% 的千粒重。

(三)干物质积累量

在玉米吐丝期和成熟期,从每个小区中选取具有代表性的植株 3 株,按茎、叶、籽粒和穗轴分样,于 105 ℃杀青 30 min,于 80 ℃烘干至恒重后测定干物质质量,相关计算公式为

$$花前干物质积累量 = 玉米吐丝期植株干物质质量$$

$$花后干物质积累量 = 玉米成熟期植株干物质质量 - 玉米吐丝期植株干物质质量$$

营养器官干物质转运量＝吐丝期营养器官干物质积累量－成熟期营养器官干物质积累量

营养器官干物质转运率＝营养器官干物质转运量÷吐丝期营养器官干物质积累量×100%

干物质转运贡献率＝干物质转运量÷成熟期籽粒干重×100%

（四）灌浆速率测定

当植株进入吐丝期时，在小区内选取长势一致、同一天吐丝的若干植株进行挂牌标记。从挂牌之日算起，定期选取果穗，测定小区内玉米的籽粒灌浆速率。每隔7 d取一次样，每次选取3个均匀果穗，根据不同类别品种进入吐丝期的时间，设定各自不同的取样时间。选取果穗中部籽粒100粒，完整剥下，之后放入烘箱，于80 ℃烘干至恒重，称重并记录，重复3次。

采用Logistic方程对籽粒灌浆速率过程进行拟合，Logistic方程的表达式为$y = a/(1 + b\mathrm{e}^{-cx})$，其中$x$为授粉后天数（开始日计为$x_0 = 0$），$y$为授粉后百粒重（开花日百粒重计为$y_0$），e为自然对数底，得到Logistic方程的参数a、b、c（其中a为最终百粒重，b为初值参数，c为生长速率参数），计算灌浆参数，灌浆速率达到最大所需的时间$t_{max} = \ln(b/c)$，灌浆速率最大时的生长量$W_{max} = a/2$，最大灌浆速率$G_{max} = c \times W_{max} \times (1 - W_{max}/a)$，平均灌浆速率$G_{mean} = W \times c/6$，积累起始势$R_0 = c$，灌浆活跃期$P = 6/c$。

四、数据处理与分析

采用Microsoft Office Excel 2003软件对试验数据进行初步整理；采用SPSS 16.0、Statistic 9.0软件对数据进行统计与分析；采用CurveExpert 1.3软件模拟籽粒灌浆过程；采用SigmaPlot 12.5软件作图。

第二节 结果与分析

一、种植密度对双季玉米体系不同搭配模式产量的影响

（一）种植密度对黄淮海平原双季玉米体系不同搭配模式产量的影响

黄淮海平原双季玉米体系不同搭配模式的周年产量存在显著差异，且在不同种植密度下，不同搭配模式两季的产量存在显著差异，如图 5－1 所示。LH 的周年产量在 2016 年和 2017 年表现一致，且在 3 种种植密度下，LH 的周年产量差异不显著。LH 第一季的产量随种植密度的增大而上升，在 D_3下达到最高，较 D_2和 D_1下产量的增幅分别为：2016 年为 9.5% 和 18.5%；2017 年为 6.0% 和 21.3%。LH 第二季的产量随种植密度的增大而下降，在 D_1下达到最高，较 D_2和 D_3下产量的增幅分别为：2016 年为 14.3% 和 28.9%；2017 年为 8.2% 和 21.3%。

MM 的周年产量在 2016 年和 2017 年表现一致，在 3 种种植密度下，随着种植密度的增大，MM 的周年产量逐渐上升，在 D_3下达到最高，较 D_2和 D_1下周年产量的增幅分别为：2016 年为 11.6% 和 27.5%；2017 年为 9.6% 和 19.5%。MM 第一季的产量随种植密度的增大而上升，在 D_3下达到最高，较 D_2和 D_1下产量的增幅分别为：2016 年为 10.7% 和 22.9%；2017 年为 10.1% 和 20.2%。MM 第二季的产量随种植密度的增大而上升，在 D_3下达到最高，较 D_2和 D_1下产量的增幅分别为：2016 年为 13.5% 和 37.5%；2017 年为 9.1% 和 18.5%。

HL 的周年产量在 2016 年和 2017 年表现一致，在 D_2和 D_3下的周年产量差异不显著，而在 D_1下的周年产量较 D_2和 D_3下周年产量的降幅分别为：2016 年为 14.2% 和 15.8%；2017 年为 15.0% 和 16.2%。HL 第一季的产量随种植密度的增大而上升，在 D_3下达到最高，较 D_2和 D_1下产量的增幅分别为：2016 年为

9.5%和19.6%;2017年为8.0%和22.8%。HL第二季的产量在D_2下达到最高,较D_1和D_3下产量的增幅分别为:2016年为48.8%和29.4%;2017年为25.0%和10.7%。

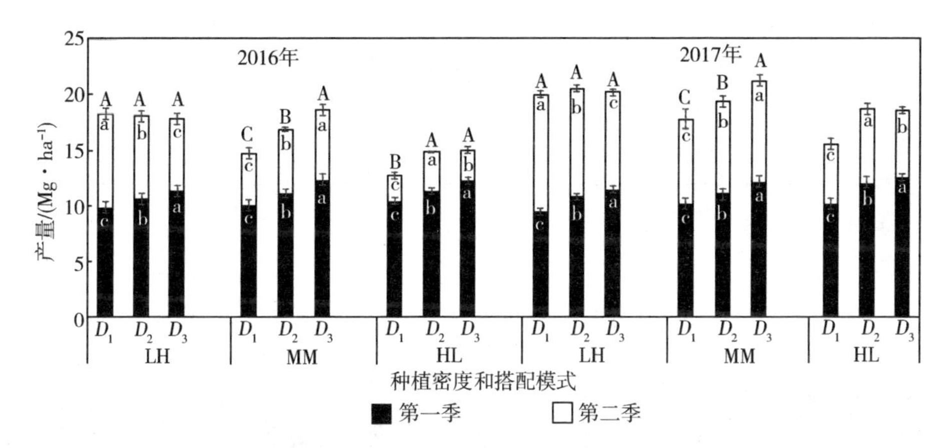

图5-1 不同种植密度对黄淮海平原双季玉米体系不同搭配模式产量的影响

注:小写字母不同表示第一季和第二季在0.05水平上差异显著;大写字母不同表示第一季与第二季之和在0.05水平上差异显著。

(二)种植密度对长江中游地区双季玉米体系不同搭配模式产量的影响

长江中游地区双季玉米体系不同搭配模式的周年产量存在显著差异,且在不同种植密度下,不同搭配模式两季的产量存在显著差异,如图5-2所示。LH的周年产量在2016年和2017年表现一致,在3种种植密度下,LH的周年产量差异显著。随着种植密度的增大,LH的周年产量逐渐上升,在D_3下达到最高,较D_2和D_1下周年产量的增幅分别为:2016年为16.7%和38.5%;2017年为27.0%和54.5%。LH第一季的产量随种植密度的增大而上升,在D_3下达到最高,较D_2和D_1下产量的增幅分别为:2016年为24.5%和50.6%;2017年为25.5%和52.3%。LH第二季的产量随种植密度的增大而上升,在D_3下达到最高,较D_2和D_1下产量的增幅分别为:2016年为11.5%和30.7%;2017年为28.3%和56.5%。

MM的周年产量在2016年和2017年表现一致,随着种植密度的增大,其周年产量逐渐上升，在 D_3 下达到最高，较 D_2 和 D_1 下周年产量的增幅分别为：2016 年为 15.0% 和 40.4%；2017 年为 12.3% 和 26.1%。MM 第一季的产量随种植密度的增大而上升，在 D_3 下达到最高，较 D_2 和 D_1 下产量的增幅分别为：2016 年为 22.8% 和 54.2%；2017 年为 14.8% 和 28.7%。MM 第二季的产量随种植密度的增大而上升，在 D_3 下达到最高，较 D_2 和 D_1 下产量的增幅分别为：2016 年为 10.2% 和 32.4%；2017 年为 10.2% 和 23.9%。

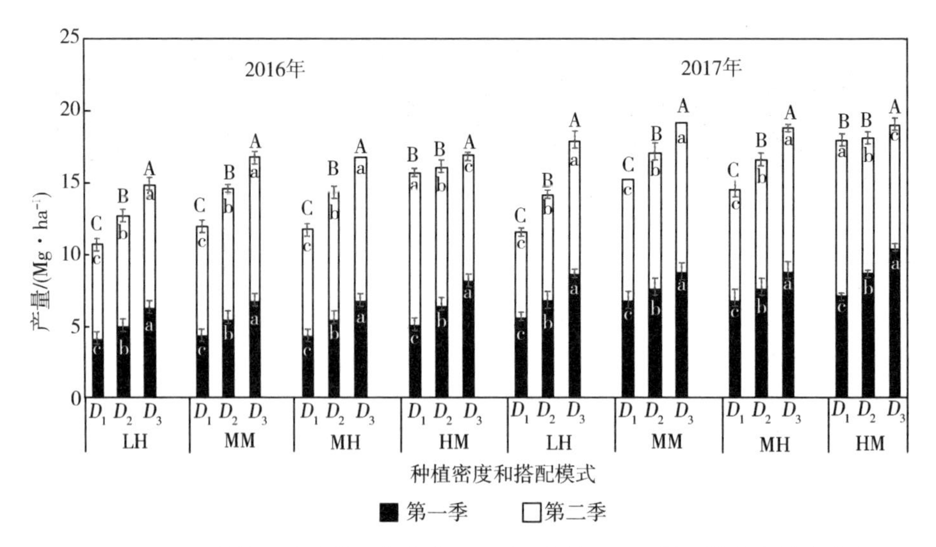

图 5-2　不同种植密度对长江中游地区双季玉米体系不同搭配模式产量的影响

注：小写字母不同表示第一季和第二季在 0.05 水平上差异显著；大写字母不同表示第一季与第二季之和在 0.05 水平上差异显著。

MH 的周年产量在 2016 年和 2017 年表现一致，随着种植密度的增大，其周年产量逐渐上升，在 D_3 下达到最高，较 D_2 和 D_1 下周年产量的增幅分别为：2016 年为 16.2% 和 42.2%；2017 年为 18.2% 和 35.4%。MH 第一季的产量随种植密度的增大而上升，在 D_3 下达到最高，较 D_2 和 D_1 下产量的增幅分别为：2016 年为 22.8% 和 54.2%；2017 年为 19.2% 和 33.7%。MH 第二季的产量随种植密度的增大而上升，在 D_3 下达到最高，较 D_2 和 D_1 下产量的增幅分别为：2016 年为 12.1% 和 35.1%；2017 年为 17.4% 和 36.9%。

HM 的周年产量在 2016 年和 2017 年表现一致，随着种植密度的增大，其周年产量逐渐上升，在 D_3 下达到最高，较 D_2 和 D_1 下产量的增幅分别为：2016 年为

4.6%和7.4%;2017年为5.4%和7.3%。HM第一季的产量随种植密度的增大而上升,在D_3下达到最高,较D_2和D_1下产量的增幅分别为:2016年为27.5%和59.5%;2017年为20.3%和48.9%。HM第二季的产量随种植密度的增大而下降,在D_3下达到最低,较D_2和D_1下产量的降幅分别为:2016年为10.7%和18.2%;2017年为8.6%和20.3%。

二、种植密度对双季玉米体系不同类别品种产量及产量构成因素的影响

(一)种植密度对黄淮海平原双季玉米体系不同类别品种产量及产量构成因素的影响

由表5-1可知,2016年和2017年,黄淮海平原双季玉米体系第一季的产量表现基本一致,即在不同的种植密度下,第一季的产量随种植密度的增大而上升,3类品种的产量均在D_3下达到最高,且均显著高于其他密度($p<0.05$)。在D_3下,L类别品种(吉单27和德美亚1号)两年第一季的平均产量分别为11.75 Mg·ha^{-1}、11.43 Mg·ha^{-1};M类别品种(吉祥1号和联创3号)两年第一季的平均产量分别为12.43 Mg·ha^{-1}、12.12 Mg·ha^{-1};H类别品种(成单30和荃玉9号)两年第一季的平均产量分别为12.49 Mg·ha^{-1}、12.48 Mg·ha^{-1}。各类别品种的产量在不同种植密度下表现为$D_3>D_2>D_1$;在不同类别品种间表现为H>M>L,H类别品种分别比M、L类别品种增产2.3%、7.0%;在品种间表现为成单30>荃玉9号>吉祥1号>联创3号>吉单27>德美亚1号。

表 5－1　种植密度对黄淮海平原双季玉米体系不同类别品种产量及产量构成因素的影响

生长季	类别	品种	种植密度	产量/(Mg·ha^{-1}) 年份		穗数/(穗·ha^{-1}) 年份		穗粒数/(粒·穗$^{-1}$) 年份		千粒重/g 年份	
				2016	2017	2016	2017	2016	2017	2016	2017
第一季	L	吉单 27	D_1	10.22^{c}	9.54^{c}	71 801^{c}	72 392^{c}	495^{a}	499^{a}	296.5^{a}	309.3^{a}
			D_2	10.79^{b}	10.95^{b}	88 796^{b}	88 671^{b}	452^{b}	456^{b}	285.0^{b}	287.7^{b}
			D_3	11.76^{a}	11.74^{a}	102 587^{a}	99 004^{a}	401^{c}	424^{c}	279.9^{c}	276.9^{c}
		德美亚 1 号	D_1	9.47^{c}	9.44^{c}	78 011^{c}	76 448^{c}	440^{a}	484^{a}	287.8^{a}	297.5^{a}
			D_2	10.53^{b}	10.75^{b}	93 371^{b}	90 282^{b}	417^{b}	410^{b}	270.5^{b}	283.9^{b}
			D_3	11.58^{a}	11.28^{a}	105 201^{a}	106 671^{a}	395^{c}	384^{c}	262.4^{c}	252.8^{c}
	M	吉祥 1 号	D_1	9.70^{c}	10.59^{c}	79 521^{c}	77 781^{c}	500^{a}	498^{a}	310.9^{a}	311.1^{a}
			D_2	10.97^{b}	11.43^{b}	91 371^{b}	89 837^{b}	469^{b}	464^{b}	289.7^{b}	291.5^{b}
			D_3	12.32^{a}	12.54^{a}	105 228^{a}	99 893^{a}	421^{c}	417^{c}	274.7^{c}	279.9^{c}
		联创 3 号	D_1	10.40^{c}	9.70^{c}	80 240^{c}	79 225^{c}	522^{a}	558^{a}	301.9^{a}	314.7^{a}
			D_2	11.34^{b}	10.74^{b}	91 404^{b}	88 115^{b}	469^{b}	523^{b}	288.8^{b}	291.8^{b}
			D_3	12.38^{a}	11.85^{a}	105 489^{a}	99 005^{a}	426^{c}	479^{c}	272.5^{c}	275.4^{c}
	H	成单 30	D_1	10.38^{c}	10.64^{c}	79 279^{c}	79 004^{c}	610^{a}	638^{a}	322.9^{a}	332.7^{a}
			D_2	11.39^{b}	11.44^{b}	87 841^{b}	87 115^{b}	509^{b}	556^{b}	299.0^{b}	302.0^{b}
			D_3	12.52^{a}	12.46^{a}	105 489^{a}	99 671^{a}	463^{c}	506^{c}	281.4^{c}	283.7^{c}
		荃玉 9 号	D_1	10.45^{c}	9.75^{c}	78 762^{c}	78 725^{c}	618^{a}	621^{a}	313.5^{a}	317.5^{a}
			D_2	11.35^{b}	11.75^{b}	89 612^{b}	89 004^{b}	497^{b}	519^{b}	285.9^{b}	292.7^{b}
			D_3	12.38^{a}	12.57^{a}	102 201^{a}	101 003^{a}	442^{c}	484^{c}	275.5^{c}	277.1^{c}

续表

生长季	类别	品种	种植密度	产量/(Mg · ha^{-1})		穗数/(穗 · ha^{-1})		穗粒数/(粒 · 穗$^{-1}$)		千粒重/g	
				年份		年份		年份		年份	
				2016	2017	2016	2017	2016	2017	2016	2017
第二季	L	兴垦 10	D_1	2.56^{c}	5.46^{c}	68 631^{c}	69 448^{c}	345^{a}	328^{a}	195.7^{a}	210.7^{a}
			D_2	3.50^{a}	7.02^{a}	83 991^{b}	85 560^{b}	321^{b}	305^{b}	169.3^{b}	191.8^{b}
			D_3	2.94^{b}	6.27^{b}	98 456^{a}	98 838^{a}	309^{c}	289^{c}	145.4^{c}	176.3^{c}
		德美亚 3 号	D_1	2.13^{c}	5.22^{c}	69 285^{c}	68 948^{c}	354^{a}	365^{a}	176.9^{a}	257.4^{a}
			D_2	3.47^{a}	6.33^{a}	82 866^{b}	84 949^{b}	321^{b}	315^{b}	156.2^{b}	236.2^{b}
			D_3	2.45^{b}	5.79^{b}	99 377^{a}	100 560^{a}	292^{c}	287^{c}	142.1^{c}	214.5^{c}
	M	郑单 958	D_1	4.70^{c}	8.40^{c}	78 108^{c}	73 282^{c}	434^{a}	406^{a}	229.5^{a}	257.8^{a}
			D_2	5.66^{b}	8.85^{b}	92 815^{b}	97 060^{b}	383^{b}	379^{b}	213.0^{b}	236.4^{b}
			D_3	6.36^{a}	9.63^{a}	105 561^{a}	107 226^{a}	344^{c}	345^{c}	200.5^{c}	213.4^{c}
		吉祥 1 号	D_1	4.64^{c}	6.83^{c}	74 187^{c}	73 893^{c}	402^{a}	411^{a}	244.6^{a}	279.4^{a}
			D_2	5.66^{b}	7.70^{b}	95 077^{b}	92 782^{b}	361^{b}	373^{b}	220.7^{b}	255.3^{b}
			D_3	6.49^{a}	8.42^{a}	106 541^{a}	103 615^{a}	334^{c}	337^{c}	206.0^{c}	232.6^{c}
	H	宜单 629	D_1	8.54^{a}	10.46^{a}	78 435^{c}	76 114^{c}	429^{a}	425^{a}	312.5^{a}	350.3^{a}
			D_2	7.61^{b}	9.59^{b}	86 279^{b}	85 560^{b}	396^{b}	390^{b}	289.0^{b}	308.8^{b}
			D_3	6.88^{c}	8.77^{c}	98 622^{a}	99 060^{a}	360^{c}	325^{c}	263.0^{c}	280.6^{c}
		浚单 22	D_1	8.21^{a}	10.45^{a}	72 292^{c}	79 448^{c}	423^{a}	421^{a}	249.9^{a}	290.4^{a}
			D_2	7.04^{b}	9.74^{b}	89 567^{b}	88 004^{b}	399^{b}	364^{b}	230.2^{b}	261.4^{b}
			D_3	6.10^{c}	8.46^{c}	99 632^{a}	99 004^{a}	369^{c}	325^{c}	212.6^{c}	239.6^{c}

3 类品种的单位面积穗数均随种植密度的增大显著增大。第一季,千粒重在不同类别品种间表现为 H > M > L,H 类别品种的千粒重分别较 M、L 类别品种大 7.1 g、16.3 g;在品种间表现为成单 30 > 荃玉 9 号 > 吉祥 1 号 > 联创 3 号 > 吉单 27 > 德美亚 1 号。在不同的种植密度下,不同类别品种的千粒重差异显著($p<0.05$),均在 D_1 下达到最大,随着种植密度的增大,千粒重减小。在 D_1、D_2、D_3 下,千粒重分别为:L 类别为 297.8 g、281.8 g、268.0 g;M 类别为 309.7 g、290.5 g、275.6 g;H 类别为 321.7 g、294.9 g、279.4 g。穗粒数在不同类别品种间表现为 H > M > L;在品种间表现为成单 30 > 荃玉 9 号 > 联创 3 号 > 吉祥 1 号 > 吉单 27 > 德美亚 1 号。在不同的种植密度下,穗粒数随种植密度的增大而减小,各品种均在 D_1 下达到最大。种植密度对 H 类别品种的影响较大,随着种植密度的增大,穗粒数减小的幅度表现为 H > M > L。结果表明,在相同的种植密度下,H 类别品种的产量、穗粒数和千粒重均大于其他 2 类品种,M 类别品种的产量、穗粒数和千粒重均大于 L 类别品种。可见,千粒重和穗粒数是影响不同类别品种第一季产量的主要因素,在适宜的种植密度下稳定单位面积穗数,并选择适宜的品种类别,是提高双季玉米体系第一季产量的主要途径。

2016 年和 2017 年,黄淮海平原双季玉米体系第二季的产量在不同类别品种间表现不一致。随着种植密度的增大,L 类别品种的产量先上升后下降,M 类别品种的产量上升,H 类别品种的产量下降。L 类别品种的产量均在 D_2 下达到最高,2 个品种 2 年的平均产量分别为 5.26 $Mg \cdot ha^{-1}$、4.90 $Mg \cdot ha^{-1}$,显著高于其他密度($p<0.05$),即产量在不同种植密度下表现为 $D_2>D_3>D_1$;M 类别品种的产量均在 D_3 下达到最高,2 个品种 2 年的平均产量分别为 8.00 $Mg \cdot ha^{-1}$、7.46 $Mg \cdot ha^{-1}$,显著高于其他密度($p<0.05$),即产量在不同种植密度下表现为 $D_3>D_2>D_1$;H 类别品种的产量均在 D_1 下达到最高,2 个品种 2 年的平均产量分别为 9.50 $Mg \cdot ha^{-1}$、9.33 $Mg \cdot ha^{-1}$,显著高于其他密度($p<0.05$),即产量在不同种植密度下表现为 $D_1>D_2>D_3$。对于不同类别而言,H 类别的产量显著高于其他 2 种类别,H 类别比 M 类别、L 类别分别增产 91.7%、22.2%,且在品种间表现为宜单 629 > 浚单 22 > 郑单 958 > 吉祥 1 号 > 兴垦 10 > 德美亚 3 号。综合分析,H 类别的品种产量表现较好。

3 类品种的单位面积穗数均随种植密度的增大显著增大。第二季,千粒重在不同类别间表现为 H > M > L,H 类别的千粒重分别较 M 类别、L 类别大

41.6 g、84.6 g；在品种间表现为宜单629 > 浚单22 > 吉祥1号 > 郑单958 > 德美亚3号 > 兴垦10。在不同的种植密度下，不同类别的千粒重差异显著（$p < 0.05$），且均在 D_1 下达到最大，随着种植密度的增大而减小。3种类别在不同种植密度下的千粒重分别为：L类别为210.2 g、188.4 g、169.6 g；M类别为252.8 g、231.3 g、213.1 g；H类别为300.8 g、272.4 g、249.0 g。在不同的种植密度下，不同类别的穗粒数差异显著（$p < 0.05$），各类别的穗粒数随种植密度的增大而减小，且均在 D_1 下达到最大。不同类别的穗粒数在不同种植密度下分别为：L类别为348粒·穗$^{-1}$、316粒·穗$^{-1}$、294粒·穗$^{-1}$；M类别为413粒·穗$^{-1}$、374粒·穗$^{-1}$、340粒·穗$^{-1}$；H类别为425粒·穗$^{-1}$、387粒·穗$^{-1}$、345粒·穗$^{-1}$。穗粒数在不同类别间表现为H > M > L；在品种间表现为宜单629 > 浚单22 > 郑单958 > 吉祥1号 > 德美亚3号 > 兴垦10。结果表明，在相同的种植密度下，H类别的产量、千粒重和穗粒数均大于其他2种类别。可见，千粒重和穗粒数也是影响不同类别品种第二季产量的主要因素，在适宜的种植密度下稳定单位面积穗数，并选择适宜的品种类别，是提高双季玉米体系第二季产量的主要途径。

（二）种植密度对长江中游地区双季玉米体系不同类别品种产量及产量构成因素的影响

由表5－2可知，2016年和2017年，长江中游地区双季玉米体系第一季产量的年际变化基本一致，即随着种植密度的增大，产量逐渐上升，3类品种的产量均在 D_3 下达到最高，且显著高于其他密度（$p < 0.05$）。在 D_3 下，第一季L类别品种（兴垦6号和德美亚2号）两年的平均产量分别为7.83 Mg·ha^{-1}、7.02 Mg·ha^{-1}；M类别品种（郑单958和吉单27）两年的平均产量分别为7.98 Mg·ha^{-1}、7.89 Mg·ha^{-1}；H类别品种（荃玉9号和仲玉3号）两年的平均产量分别为9.34 Mg·ha^{-1}、9.54 Mg·ha^{-1}。第一季的产量在不同种植密度下表现为 $D_3 > D_2 > D_1$；在不同类别品种间表现为H > M > L，H类别品种比M类别品种、L类别品种分别增产15.6%、27.3%，且在品种间表现为仲玉3号 > 荃玉9号 > 郑单958 > 吉单27 > 兴垦6号 > 德美亚2号。

3类品种的单位面积穗数均随种植密度的增大显著增大。第一季，千粒重在不同类别品种间表现为H > M > L，H类别品种的千粒重分别较M类别品种、

L 类别品种大 26.0 g、52.7 g;在品种间表现为仲玉 3 号 > 荃玉 9 号 > 郑单958 > 吉单 27 > 兴垦 6 号 > 德美亚 2 号。在不同的种植密度下,不同类别品种的千粒重差异显著($p<0.05$),均在 D_1 下达到最大,随着种植密度的增大,千粒重减小。3 类品种在 D_1、D_2、D_3 下的千粒重分别为:L 类别为 253.5 g、226.1 g、202.8 g;M 类别为 276.9 g、254.7 g、231.9 g;H 类别为 302.9 g、280.7 g、257.7 g。在不同类别品种间,穗粒数表现为 H > M > L,且在品种间表现为仲玉 3 号 > 荃玉 9 号 > 郑单 958 > 吉单 27 > 兴垦 6 号 > 德美亚 2 号。在不同的种植密度下,穗粒数随种植密度的增大而减小,各品种均在 D_1 下达到最大。种植密度对 H 类别品种穗粒数的影响较大(随着种植密度的增大,穗粒数减小的幅度增大),而对 M 类别品种和 L 类别品种穗粒数的影响次之。结果表明:在相同的种植密度下,H 类别品种的产量和穗粒数均大于其他 2 种类别;H 类别品种的千粒重大于其他 2 种类别;M 类别品种的产量、穗粒数和千粒重均大于 L 类别品种。可见,千粒重和穗粒数是影响不同类别品种第一季产量的主要因素,在适宜的种植密度下稳定单位面积穗数,选择适宜的品种类别,是提高长江中游地区双季玉米体系第一季产量的主要途径。

第二季,H(LH)①、M(MM)、H(MH)产量的变化趋势一致。随着种植密度的增大,2 类品种的产量逐渐上升,均在 D_3 下达到最高,均显著高于其他密度($p<0.05$)。在 D_3 下,H(LH)类别品种(浚单 22 和郑单 958)2 年的平均产量分别为 8.65 $Mg \cdot ha^{-1}$、9.17 $Mg \cdot ha^{-1}$;M(MM)类别品种(吉祥 1 号和联创 3 号)2 年的平均产量分别为 10.36 $Mg \cdot ha^{-1}$、10.19 $Mg \cdot ha^{-1}$;H(MH)类别品种(浚单 22 和郑单 958)2 年的平均产量分别为 10.04 $Mg \cdot ha^{-1}$、10.39 $Mg \cdot ha^{-1}$。各类品种的产量在不同种植密度下均表现为 $D_3 > D_2 > D_1$。M(HM)类别品种产量的变化趋势一致,即随着种植密度的增大,产量逐渐下降,均在 D_1 下达到最高。在 D_1 下,M(HM)类别品种(吉祥 1 号和联创 3 号)2 年的平均产量分别为 10.96 $Mg \cdot ha^{-1}$、10.58 $Mg \cdot ha^{-1}$,显著高于其他密度($p<0.05$)。在不同类别品种间,4 种搭配模式下的产量均表现为 M > H。M(MM)的产量分别较 H(LH)、H(MH)增加 21.2%、3.8%,M(HM)分别较 H(LH)、H(MH)增加 27.3%、9.0%,且在品种间表现为吉祥 1 号 > 联创 3 号 > 郑单 958 > 浚单 22。

---

① H(LH)表示 H 类别(LH 搭配模式下)。

表 5－2 种植密度对长江中游地区双季玉米体系不同类别品种产量及产量构成因素的影响

生长季	类别	品种	种植密度	产量/(Mg·ha^{-1})		穗数/(穗·ha^{-1})		穗粒数/(粒·穗$^{-1}$)		千粒重/g	
				年份		年份		年份		年份	
				2016	2017	2016	2017	2016	2017	2016	2017
第一季	L	兴垦 6 号	D_1	4.40^{c}	6.11^{c}	$69\ 474^{c}$	$70\ 827^{c}$	374^{a}	395^{a}	223.7^{a}	288.0^{a}
			D_2	5.45^{b}	7.17^{b}	$84\ 971^{b}$	$88\ 553^{b}$	342^{b}	363^{b}	198.6^{b}	255.9^{b}
			D_3	6.87^{a}	8.78^{a}	$96\ 474^{a}$	$101\ 704^{a}$	310^{c}	328^{c}	182.2^{c}	236.1^{c}
		德美亚 2 号	D_1	3.91^{c}	5.16^{c}	$71\ 088^{c}$	$66\ 474^{c}$	380^{a}	384^{a}	218.0^{a}	284.2^{a}
			D_2	4.60^{b}	6.52^{b}	$82\ 814^{b}$	$87\ 390^{b}$	350^{b}	355^{b}	194.5^{b}	255.2^{b}
			D_3	5.64^{a}	8.40^{a}	$95\ 756^{a}$	$102\ 423^{a}$	309^{c}	321^{c}	176.2^{c}	216.8^{c}
	M	郑单 958	D_1	4.76^{c}	7.10^{c}	$67\ 448^{c}$	$68\ 631^{c}$	394^{a}	420^{a}	255.9^{a}	313.0^{a}
			D_2	5.58^{b}	7.89^{b}	$83\ 664^{b}$	$83\ 991^{b}$	353^{b}	389^{b}	239.9^{b}	293.6^{b}
			D_3	7.13^{a}	8.82^{a}	$97\ 783^{a}$	$97\ 651^{a}$	327^{c}	357^{c}	216.3^{c}	278.6^{c}
		吉单 27	D_1	4.00^{c}	6.53^{c}	$66\ 768^{c}$	$67\ 324^{c}$	384^{a}	417^{a}	249.5^{a}	289.4^{a}
			D_2	5.42^{b}	7.39^{b}	$81\ 703^{b}$	$84\ 383^{b}$	353^{b}	378^{b}	235.2^{b}	249.9^{b}
			D_3	6.38^{a}	9.39^{a}	$96\ 867^{a}$	$98\ 109^{a}$	314^{c}	345^{c}	212.8^{c}	219.8^{c}
	H	荃玉 9 号	D_1	5.00^{c}	7.18^{c}	$66\ 474^{c}$	$69\ 219^{c}$	529^{a}	503^{a}	271.8^{a}	327.2^{a}
			D_2	6.63^{b}	8.76^{b}	$84\ 122^{b}$	$85\ 037^{b}$	492^{b}	471^{b}	245.1^{b}	301.9^{b}
			D_3	8.17^{a}	10.50^{a}	$95\ 985^{a}$	$98\ 698^{a}$	460^{c}	433^{c}	222.2^{c}	282.5^{c}
		仲玉 3 号	D_1	5.31^{c}	7.12^{c}	$67\ 977^{c}$	$73\ 206^{c}$	567^{a}	524^{a}	270.0^{a}	342.6^{a}
			D_2	6.27^{b}	8.95^{b}	$82\ 684^{b}$	$85\ 298^{b}$	487^{b}	488^{b}	250.7^{b}	325.2^{b}
			D_3	8.28^{a}	10.79^{a}	$97\ 324^{a}$	$100\ 659^{a}$	444^{c}	458^{c}	234.0^{c}	292.2^{c}

续表

生长季	类别	品种	种植密度	产量/(Mg·ha^{-1})		穗数/(穗·ha^{-1})		穗粒数/(粒·穗$^{-1}$)		千粒重/g	
				年份		年份		年份		年份	
				2016	2017	2016	2017	2016	2017	2016	2017
第二季	H(LH)	浚单22	D_1	6.78^{c}	5.80^{c}	73 468^{c}	71 899^{c}	411^{a}	425^{a}	307.3^{a}	300.9^{a}
			D_2	7.88^{b}	7.22^{b}	83 664^{b}	85 030^{b}	380^{b}	397^{b}	279.8^{b}	269.9^{b}
			D_3	8.70^{a}	8.60^{a}	98 475^{a}	98 906^{a}	328^{c}	375^{c}	256.4^{c}	247.3^{c}
		郑单958	D_1	6.32^{c}	6.03^{c}	69 187^{c}	74 840^{c}	394^{a}	446^{a}	295.9^{a}	300.1^{a}
			D_2	7.46^{b}	7.21^{b}	84 775^{b}	84 972^{b}	369^{b}	406^{b}	279.7^{b}	276.7^{b}
			D_3	8.41^{a}	9.93^{a}	98 900^{a}	98 913^{a}	328^{c}	382^{c}	265.8^{c}	253.6^{c}
	M(MM)	吉祥1号	D_1	7.33^{c}	8.34^{c}	71 860^{c}	68 174^{c}	383^{a}	409^{a}	316.4^{a}	321.1^{a}
			D_2	9.28^{b}	9.67^{b}	84 318^{b}	84 448^{b}	345^{b}	387^{b}	303.2^{b}	293.8^{b}
			D_3	10.19^{a}	10.52^{a}	100 593^{a}	102 324^{a}	322^{c}	369^{c}	285.4^{c}	275.1^{c}
		联创3号	D_1	7.81^{c}	8.36^{c}	73 860^{c}	68 958^{c}	383^{a}	396^{a}	320.6^{a}	312.1^{a}
			D_2	8.90^{b}	9.11^{b}	88 567^{b}	85 801^{b}	363^{b}	380^{b}	288.8^{b}	286.1^{b}
			D_3	9.86^{a}	10.52^{a}	102 142^{a}	100 331^{a}	337^{c}	357^{c}	272.7^{c}	256.5^{c}

续表

生长季	类别	品种	种植密度	产量/(Mg · ha^{-1})		穗数/(穗 · ha^{-1})		穗粒数/(粒 · 穗$^{-1}$)		千粒重/g	
				年份		年份		年份		年份	
				2016	2017	2016	2017	2016	2017	2016	2017
第二季	H(MH)	浚单 22	D_1	7.60^{c}	7.64^{c}	69 527^{c}	67 650^{c}	413^{a}	424^{a}	299.6^{a}	301.1^{a}
			D_2	8.93^{b}	8.80^{b}	84 580^{b}	88 435^{b}	381^{b}	394^{b}	281.9^{b}	284.8^{b}
			D_3	9.96^{a}	10.11^{a}	100 135^{a}	100 161^{a}	351^{c}	364^{c}	269.5^{c}	265.7^{c}
		郑单 958	D_1	7.09^{c}	7.71^{c}	69 611^{c}	70 527^{c}	408^{a}	431^{a}	308.3^{a}	316.9^{a}
			D_2	8.77^{b}	9.11^{b}	85 298^{b}	87 259^{b}	378^{b}	407^{b}	286.0^{b}	282.6^{b}
			D_3	9.87^{a}	10.91^{a}	99 064^{a}	100 664^{a}	351^{c}	381^{c}	255.6^{c}	264.1^{c}
	M(HM)	吉祥 1 号	D_1	10.96^{a}	10.96^{a}	71 180^{c}	68 174^{c}	403^{a}	404^{a}	319.1^{a}	317.1^{a}
			D_2	9.46^{b}	9.46^{b}	82 684^{b}	85 821^{b}	386^{b}	376^{b}	293.0^{b}	296.3^{b}
			D_3	8.78^{c}	8.78^{c}	100 155^{a}	98 227^{a}	354^{c}	342^{c}	271.5^{c}	276.3^{c}
		联创 3 号	D_1	10.58^{a}	10.58^{a}	72 095^{c}	71 180^{c}	404^{a}	419^{a}	327.2^{a}	313.4^{a}
			D_2	9.31^{b}	9.31^{b}	85 429^{b}	85 795^{b}	386^{b}	394^{b}	293.2^{b}	287.0^{b}
			D_3	8.38^{c}	8.08^{c}	100 168^{a}	99 285^{a}	355^{c}	375^{c}	271.5^{c}	258.0^{c}

第二季不同类别品种单位面积穗数的表现与第一季一致；千粒重表现为 M > H，H 类别品种平均比 M 类别品种小 12.8 g，在品种间表现为吉祥 1 号 > 联创 3 号 > 郑单 958 > 浚单 22。在不同的种植密度下，不同类别品种的千粒重差异显著($p<0.05$)，均在 D_1 下达到最大，随种植密度的增大而减小。在 D_1、D_2、D_3 下，不同搭配模式下 2 类品种的千粒重分别为：H(LH)为 301.0 g、276.5 g、255.8 g；M(MM)为 317.6 g、293.0 g、272.4 g；H(MH)为 306.5 g、283.8 g、263.7 g；M(HM)为 319.2 g、292.4 g、269.3 g。穗粒数在不同类别品种间表现为 H > M，在品种间表现为郑单 958 > 浚单 22 > 吉祥 1 号 > 联创 3 号。不同类别品种的穗粒数随种植密度的增大而减小，均在 D_1 下达到最大。种植密度对 H 类别品种穗粒数的影响较大（随着种植密度的增大，其穗粒数减小的幅度增大），而对 M 类别品种的影响次之。结果表明，H 类别品种的产量和千粒重均小于 M 类别品种，而 H 类别品种的穗粒数大于 M 类别品种。可见，千粒重是影响不同类别品种第二季产量的主要因素，在适宜的种植密度下稳定单位面积穗数，选择适宜的品种类别，是提高长江中游地区双季玉米体系第二季产量的主要途径。

三、种植密度对双季玉米体系不同类别品种籽粒灌浆的影响

（一）不同种植密度下不同类别品种粒重积累过程

1. 黄淮海平原不同种植密度下不同类别品种粒重积累过程

黄淮海平原双季玉米体系第一季不同种植密度下不同类别品种粒重（以百粒重为衡量指标）积累过程如图 5-3 所示，百粒重呈 S 形曲线变化。种植密度对粒重的影响是由品种类别、灌浆时间和种植年份共同决定的。不同类别品种的粒重在籽粒灌浆渐增期、不同年份间表现不同。2016 年和 2017 年，L 类别品种籽粒增重最快，M 类别品种籽粒增重次之，H 类别品种籽粒增重最慢，可见粒重在灌浆渐增期易受品种类别的影响，在年份间变化不大。在灌浆快增期和缓增期，粒重在不同类别品种间、不同年份间的变化趋势基本一致，在不同种植密度下的增幅基本一致，且种植密度的增大限制了粒重的增大，可见种植密度对

粒重的影响较大，高种植密度不利于粒重的积累。在籽粒灌浆初期，粒重变化不大，随着灌浆进程的推进，14 d 之后，L 类别、M 类别、H 类别品种粒重的差异随种植密度的增大而增大，且粒重表现为 $D_1>D_2>D_3$。

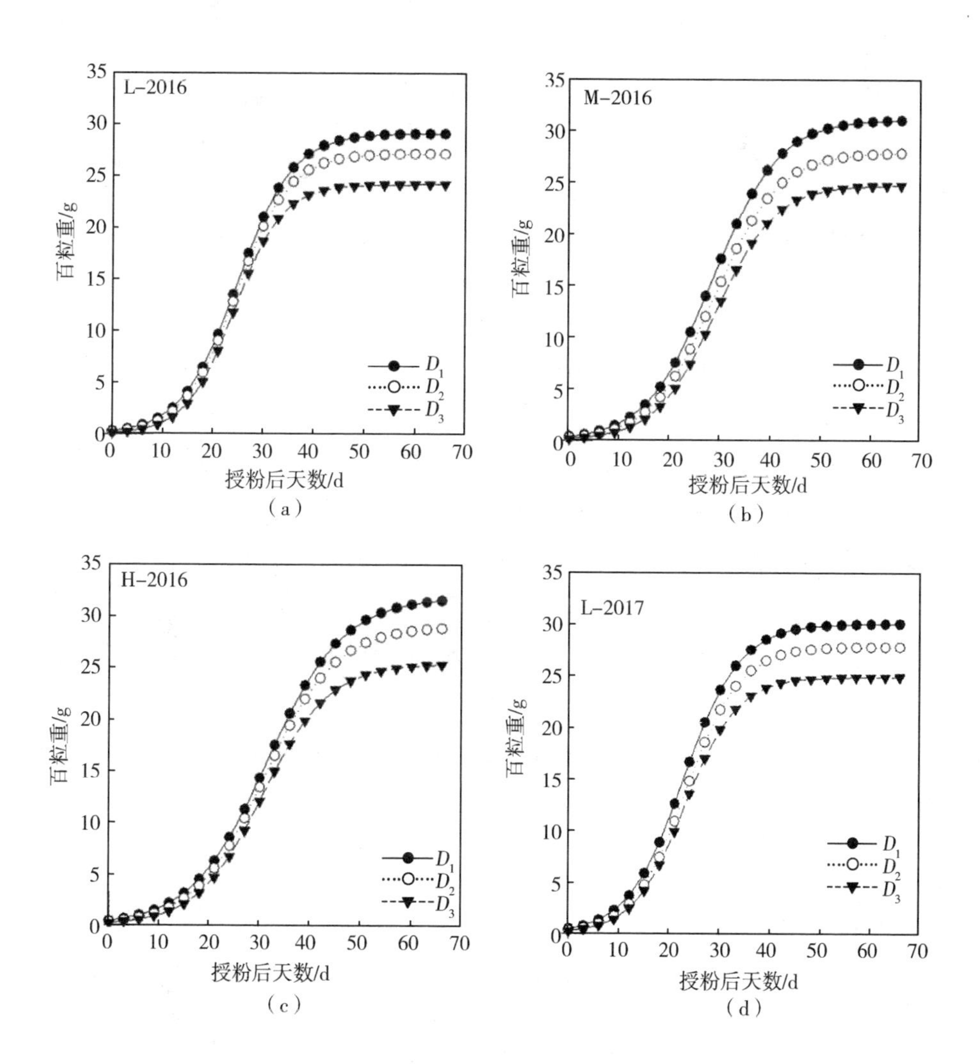

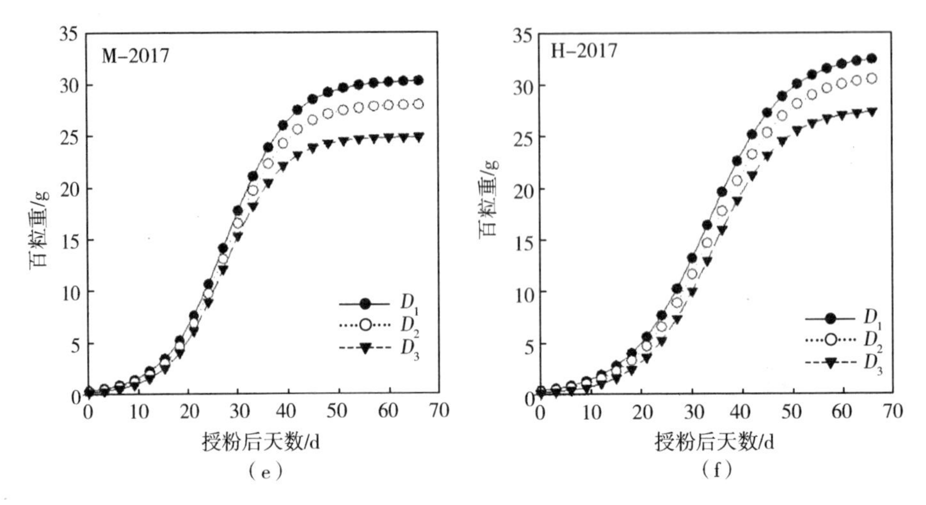

图5-3 黄淮海平原双季玉米体系第一季不同种植密度下不同类别品种粒重积累过程

黄淮海平原双季玉米体系第二季不同种植密度下不同类别品种粒重积累过程如图5-4所示，粒重呈S形曲线变化。种植密度对粒重的影响与第一季表现一致，因灌浆时间的不同而不同，并在不同类别品种和年份间存在差异，随着种植密度的增大，粒重在灌浆前期增重差异不大，在不同种植密度下的增重趋势一致，但在D_3下与在D_1、D_2下差异显著，由此可见，种植密度的增大限制了粒重的增大。不同类别品种的粒重在灌浆初期变化不大，随着灌浆进程的推进，L类别、M类别、H类别品种粒重的差异随种植密度的增大而增大，且粒重表现为$D_1>D_2>D_3$。

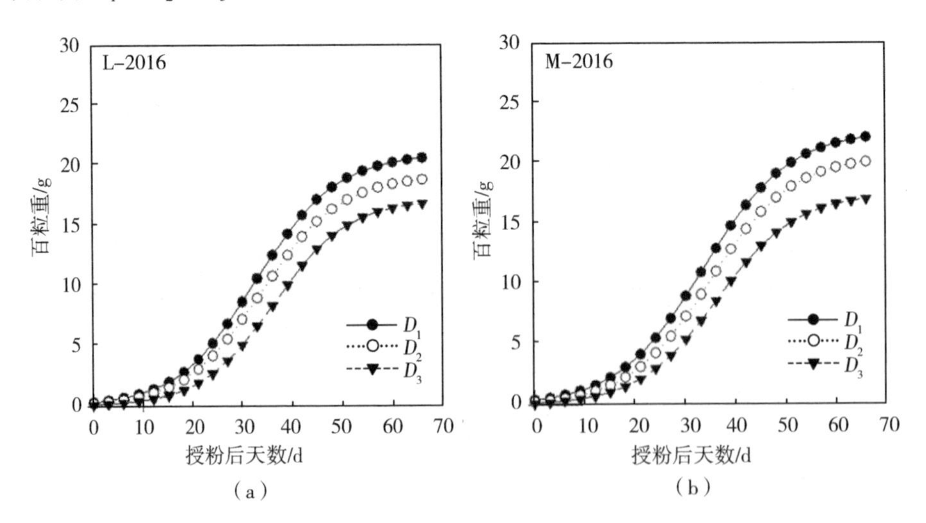

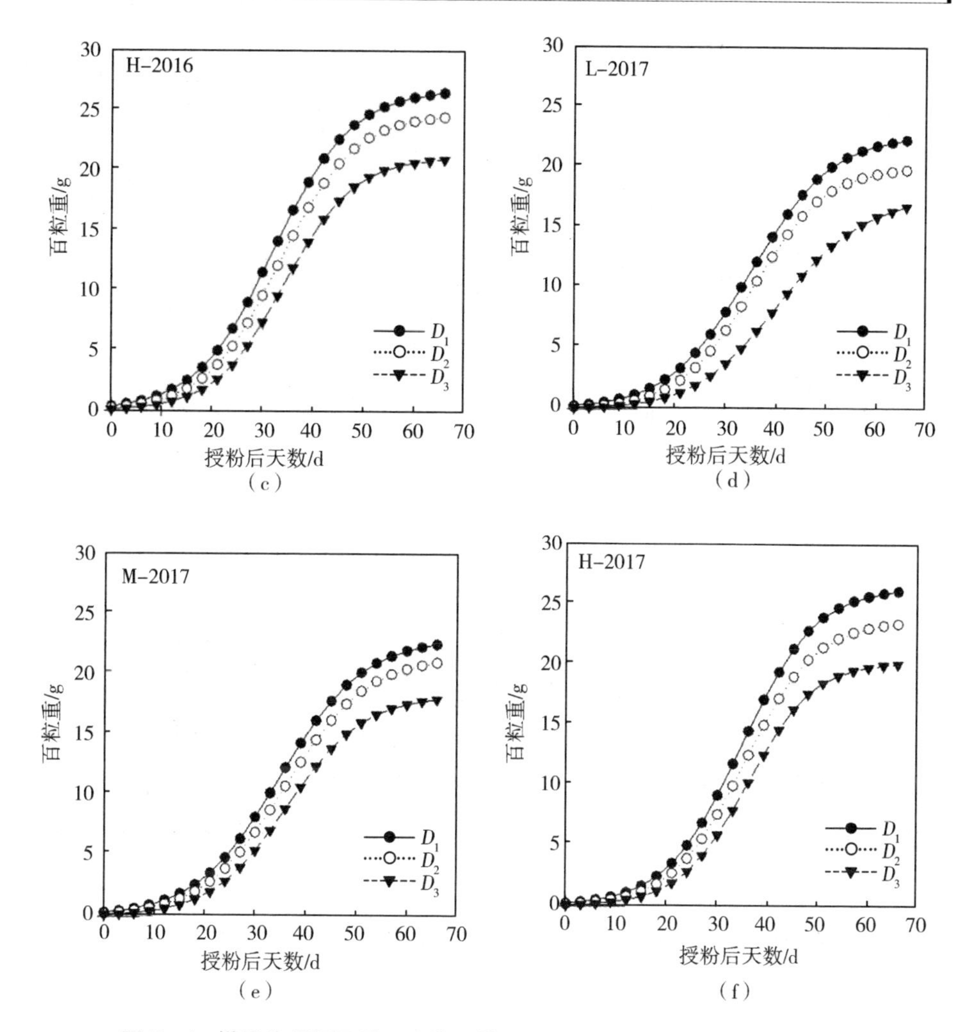

图 5－4　黄淮海平原双季玉米体系第二季不同种植密度下不同类别品种粒重积累过程

黄淮海平原双季玉米体系第一季不同品种粒重积累过程如图 5－5 所示。由图 5－5 可知，L 类别品种的粒重显著大于 M 类别品种和 H 类别品种；不同类别品种的粒重积累在 2 年间表现一致，即 3 类品种的粒重在灌浆渐增期均增长很慢，L 类别品种的粒重在灌浆快增期和缓增期增长较快，且 L 类别品种的粒重在灌浆快增期显著大于其他 2 类品种；粒重在品种间表现为吉单 27 > 德美亚 1 号 > 吉祥 1 号 > 联创 3 号 > 成单 30 > 荃玉 9 号。2017 年，3 类品种粒重的差异较 2016 年大，但在灌浆缓增后期，不同品种的粒重在 2 年间表现一致，表现为成单 30 > 荃玉 9 号 > 吉祥 1 号 > 联创 3 号 > 吉单 27 > 德美亚 1 号。

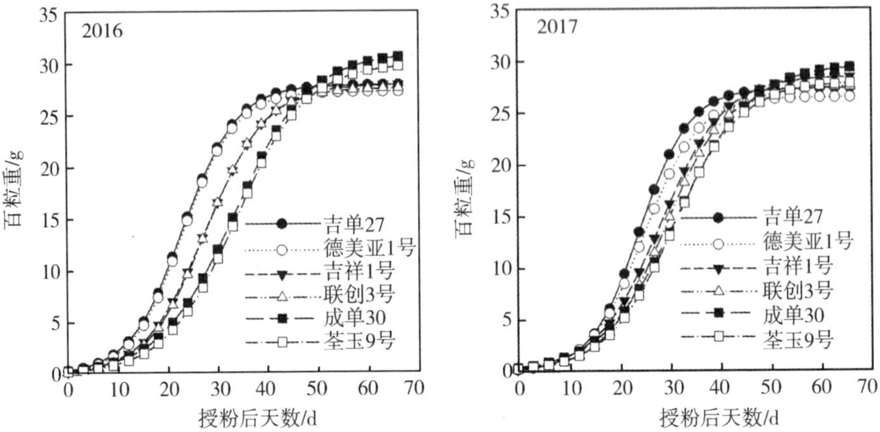

(a) (b)

图 5-5 黄淮海平原双季玉米体系第一季不同品种粒重积累过程

黄淮海平原双季玉米体系第二季不同品种粒重积累过程如图 5-6 所示。由图 5-6 可知,H 类别品种的粒重显著大于 M 类别品种和 L 类别品种;粒重积累在 2 年间表现不同。在 2016 年灌浆快增期,粒重在类别间表现为 H > M > L,其中在 H 类别品种间表现为宜单 629 > 浚单 22,M 类别品种和 L 类别品种的粒重在灌浆期间差异不显著。2017 年,3 类品种的粒重在灌浆期间差异不显著。在灌浆缓增后期,不同类别品种的粒重在 2 年间表现一致,在品种间表现为宜单 629 > 浚单 22 > 郑单 958 > 吉祥 1 号 > 兴垦 10 > 德美亚 3 号。

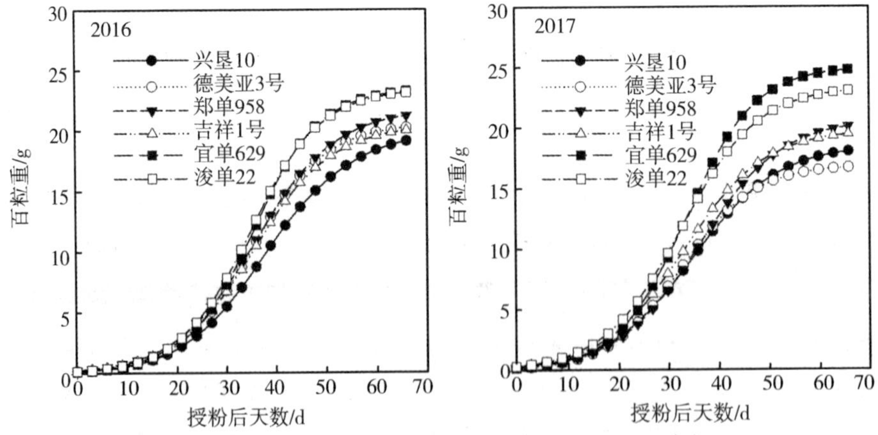

(a) (b)

图 5-6 黄淮海平原双季玉米体系第二季不同品种粒重积累过程

2. 长江中游地区不同种植密度下不同类别品种粒重积累过程

长江中游地区双季玉米体系第一季不同种植密度下不同类别品种粒重积累过程如图 5 - 7 所示,粒重均以 S 形曲线变化。种植密度对粒重的影响是由品种类别、灌浆时间和种植年份共同决定的。在灌浆渐增期,不同类别品种的粒重在 2 年间的表现不同,L 类别品种籽粒增重最快,M 类别品种籽粒增重次之,H 类别品种籽粒增重最慢,可见粒重在灌浆渐增期的变化受品种类别影响,在 2 年间变化不大。在灌浆快增期和缓增期,不同类别品种的粒重在 2 年间的变化趋势基本一致,但 2017 年不同类别品种的粒重大于 2016 年,2 年的粒重在不同种植密度下的增幅基本一致,且种植密度的增大限制了粒重的增长,可见种植密度对粒重积累的影响较大。在籽粒灌浆初期,随着种植密度的增大,L 类别品种的粒重变化较大,M 类别品种和 H 类别品种的粒重变化不大,在灌浆 14 d 之后,3 类品种粒重的差异随种植密度的增大而显著增大,且在不同种植密度下表现为 $D_1 > D_2 > D_3$。

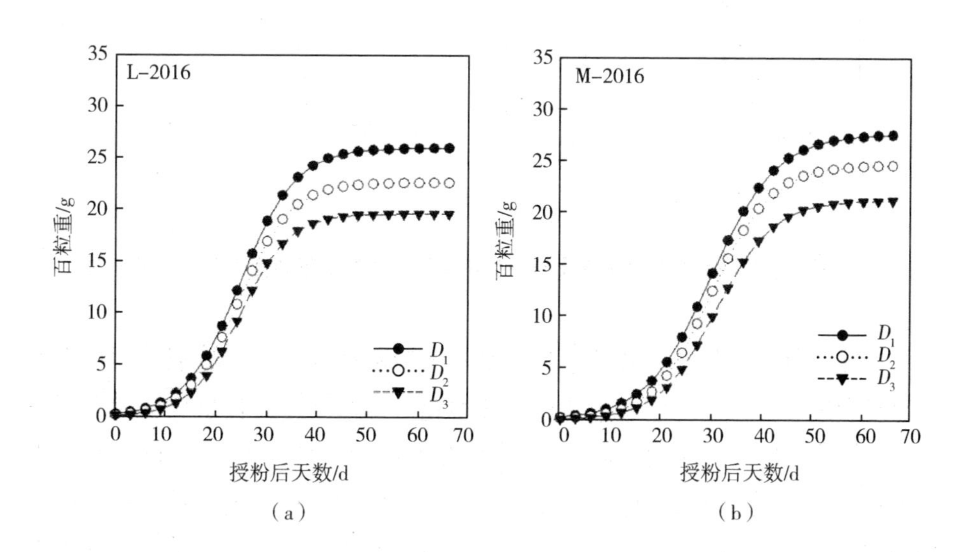

(a)　　(b)

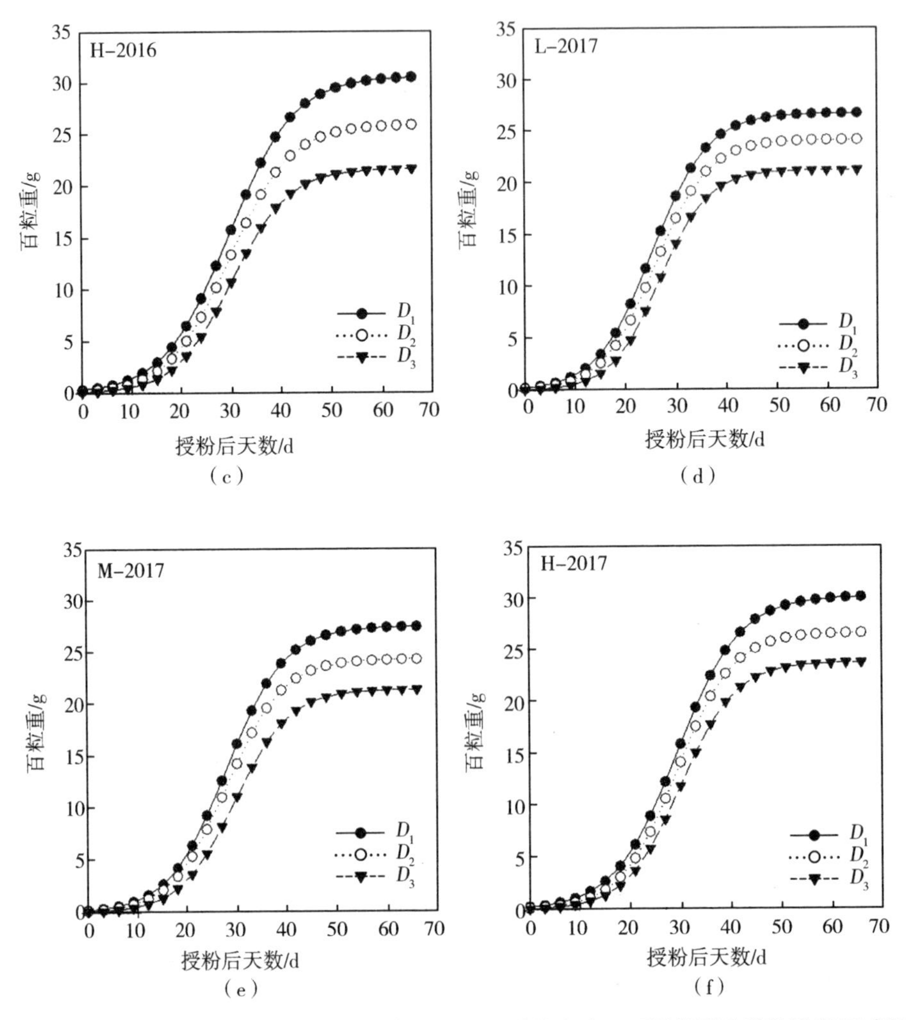

图5-7 长江中游地区双季玉米体系第一季不同种植密度下不同类别品种粒重积累过程

长江中游地区双季玉米体系第二季不同种植密度下不同类别品种粒重积累过程如图5-8所示,粒重呈S形曲线变化。种植密度对粒重变化的影响与第一季表现一致。在不同种植密度下,灌浆前期的粒重变化不大,随着灌浆进程的推进,粒重变化显著,且在D_3下,粒重增大速度降低,可见种植密度的增大限制粒重的增长。H类别品种和M类别品种的粒重在不同种植密度下表现为$D_1>D_2>D_3$。无论双季玉米体系两季品种搭配模式如何,高密度对H类别品种和M类别品种粒重积累的影响都是一致的。

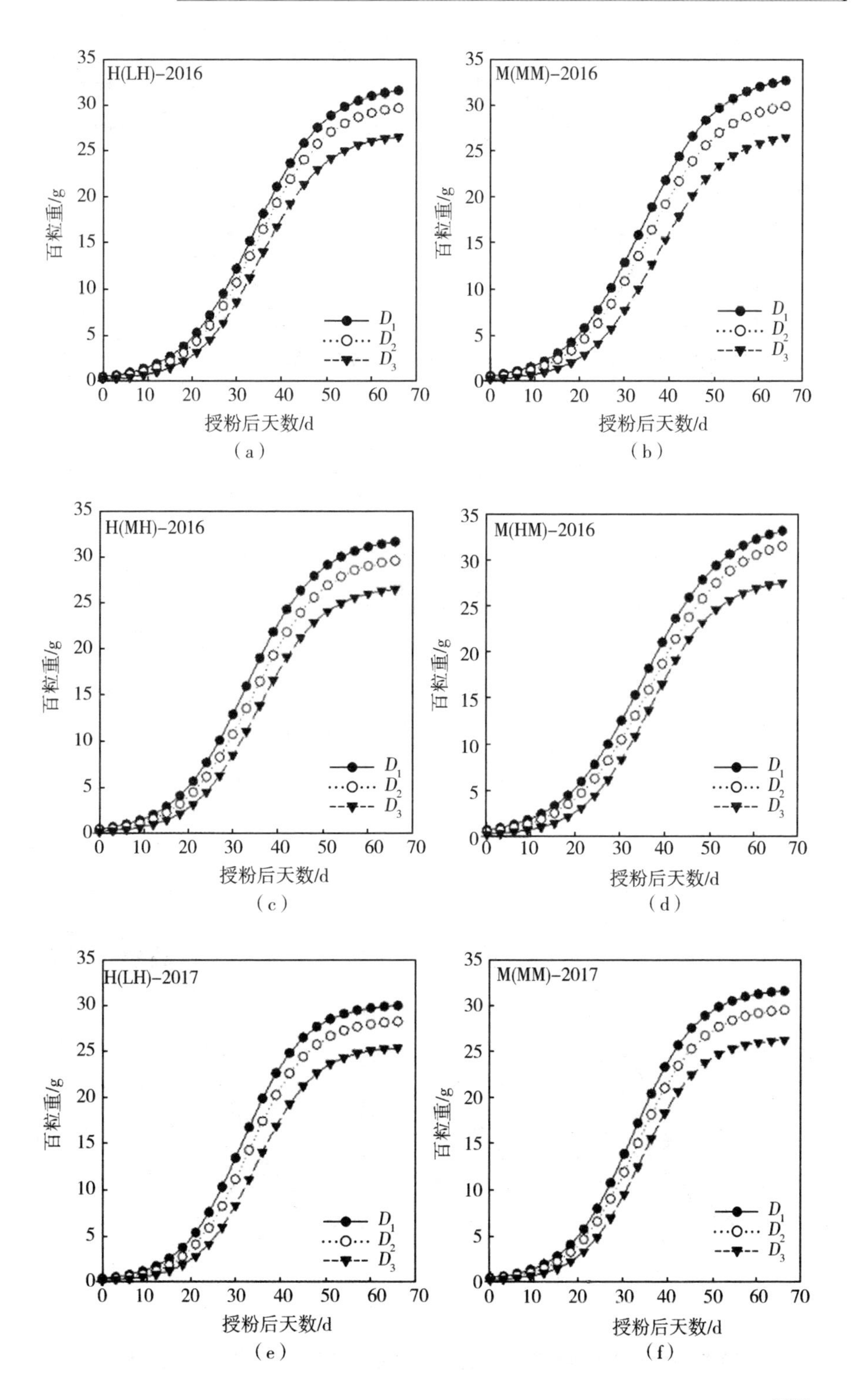
H(LH)-2016
M(MM)-2016
H(MH)-2016
M(HM)-2016
H(LH)-2017
M(MM)-2017
百粒重/g
授粉后天数/d
D_1
D_2
D_3
(a)
(b)
(c)
(d)
(e)
(f)

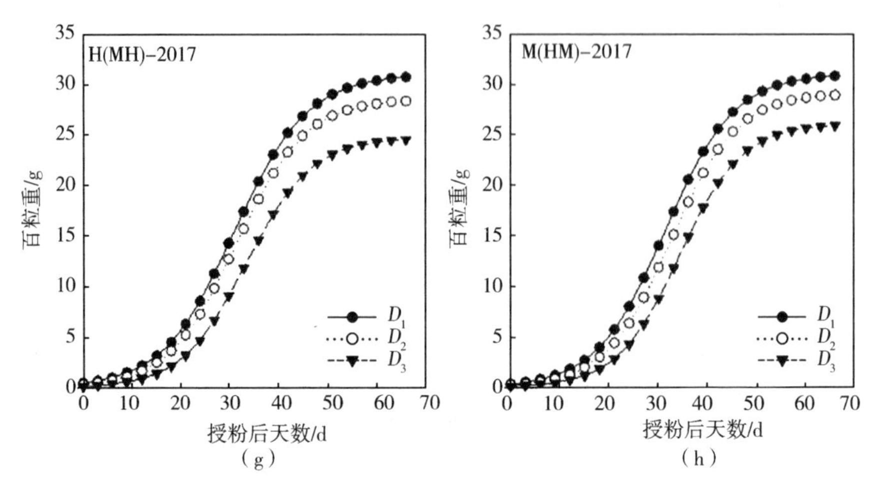

图 5-8 长江中游地区双季玉米体系第二季不同种植密度下不同类别品种粒重积累过程

长江中游地区双季玉米体系第一季不同品种粒重积累过程如图 5-9 所示。由图 5-9 可知，L 类别品种的粒重显著大于 M 类别品种和 H 类别品种，不同类别品种的粒重积累在 2 年间表现一致，在灌浆渐增期增长均很慢，在灌浆快增期和缓增期，L 类别品种的粒重增长较快；L 类别品种的粒重在灌浆快增期显著大于其他 2 类品种；粒重在品种间表现为兴垦 6 号 > 德美亚 2 号 > 郑单 958 > 吉单 27 > 荃玉 9 号 > 仲玉 3 号；在灌浆缓增后期，不同品种的粒重在 2 年间表现一致，表现为仲玉 3 号 > 荃玉 9 号 > 郑单 958 > 吉单 27 > 兴垦 6 号 > 德美亚 2 号。

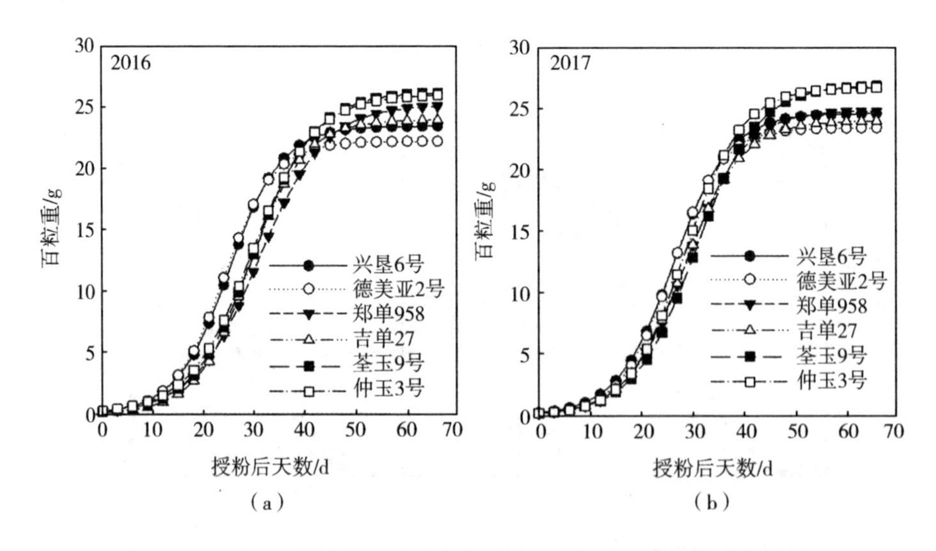

图 5-9 长江中游地区双季玉米体系第一季不同品种粒重积累过程

长江中游地区双季玉米体系第二季不同品种粒重积累过程如图 5－10 所示。由图 5－10 可知，在 4 种搭配模式下，M 类别品种的粒重均大于 H 类别品种，粒重在 H 类别品种间表现为郑单 958 > 浚单 22，在 M 类别品种间表现为吉祥 1 号 > 联创 3 号；2 类品种的粒重在 2 年间差异不显著；在灌浆缓增后期，不同类别品种的粒重在 2 年间表现一致，在品种间表现为吉祥 1 号 > 联创 3 号 > 郑单 958 > 浚单 22。

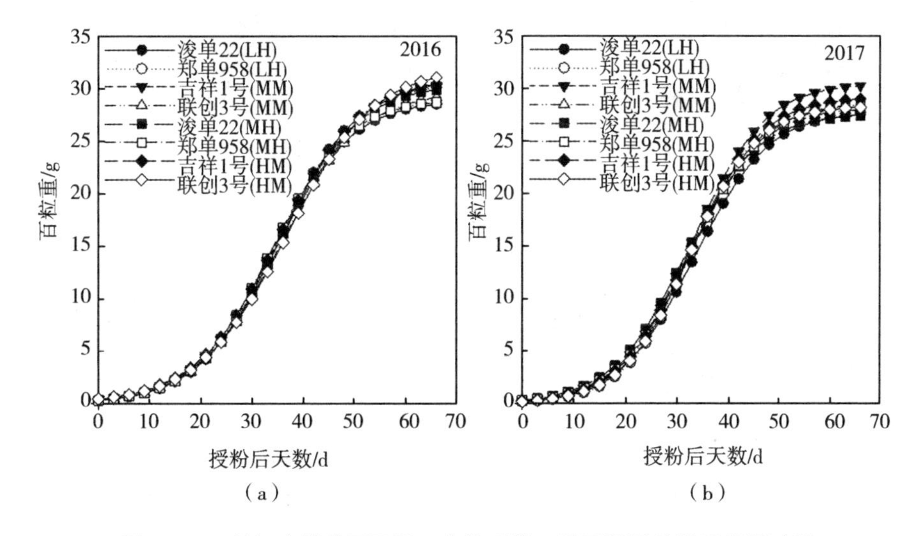

图 5－10 长江中游地区双季玉米体系第二季不同品种粒重积累过程

（二）不同种植密度下双季玉米体系不同类别品种灌浆速率的变化

1. 黄淮海平原不同种植密度下不同类别品种灌浆速率的变化

黄淮海平原双季玉米体系第一季不同类别品种的灌浆速率对种植密度的响应呈单峰曲线变化，如图 5－11 所示。在整个灌浆期，灌浆速率均随种植密度的增大而减小，表现为 $D_1 > D_2 > D_3$，可见随着种植密度的增大，灌浆速率所受的胁迫程度会增加，从而限制籽粒灌浆。在不同的种植密度下，L 类别品种的灌浆速率在授粉后 22～26 d 时达到最大，种植密度对灌浆渐增期和灌浆缓增期的灌浆速率影响不大，而灌浆快增期的灌浆速率对不同种植密度的响应差异较大；M 类别品种在授粉后 27～30 d 时、H 类别在授粉后 31～34 d 时灌浆速率达到最大,2 类品种的灌浆速率均在灌浆渐增期增大缓慢,较 L 类别品种持续时间长,可见 M 类别品种和 H 类别品种的灌浆速率受种植密度变化的影响较小。L 类别品种灌浆速率的峰值最大,其次是 M 类别品种,H 类别品种最小。灌浆速率达到峰值后随灌浆时间的增加逐渐减小,减小幅度表现为 L > M > H。

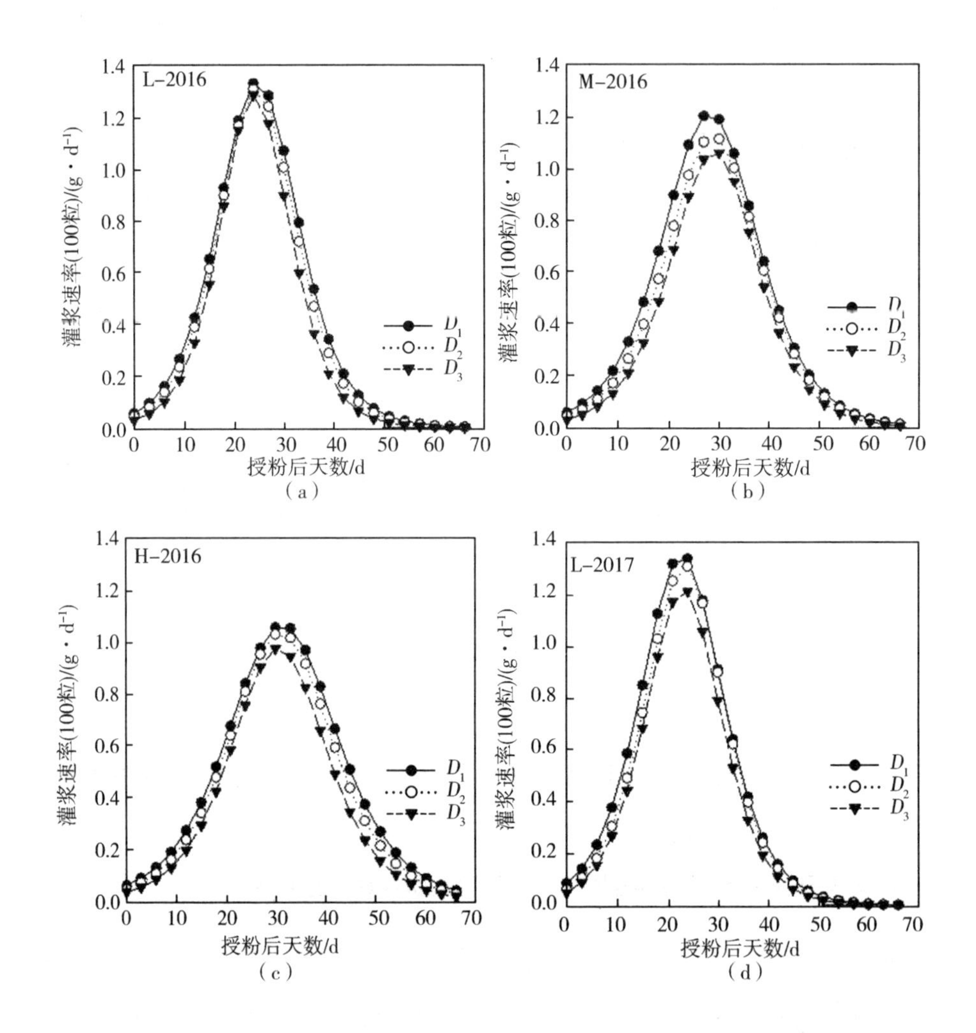

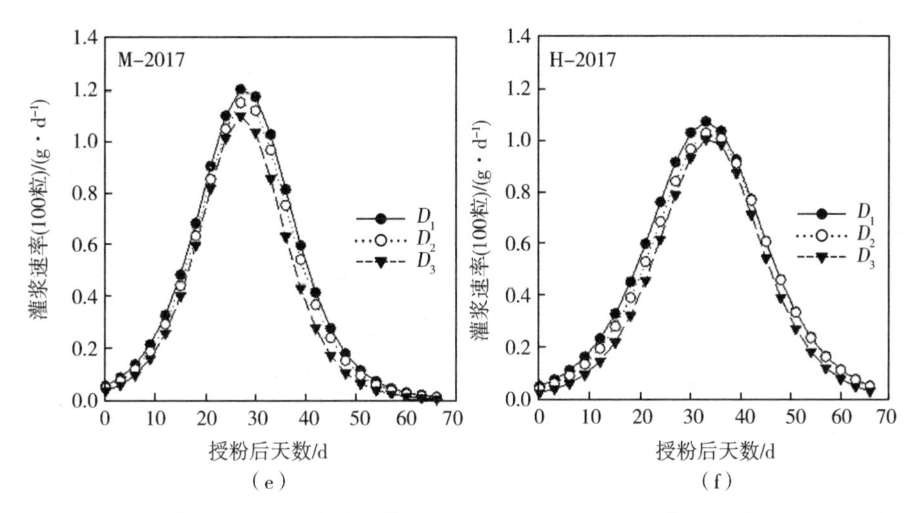

图 5-11 黄淮海平原双季玉米体系第一季不同种植密度下不同类别品种灌浆速率的变化

由图 5-12 可知,3 类品种的灌浆速率不同,随着灌浆进程的推进,其灌浆速率的差异逐渐增大。L 类别品种在灌浆渐增期、灌浆快增期的灌浆速率显著大于 M 类别品种和 H 类别品种,且 L 类别品种的灌浆速率最先达到峰值,分别较 M 类别品种、H 类别品种早 3~4 d、5~6 d。L 类别品种、M 类别品种、H 类别品种的灌浆速率峰值分别为 1.30 $g \cdot d^{-1}$、1.14 $g \cdot d^{-1}$、1.03 $g \cdot d^{-1}$,在品种间表现为吉单 27 > 德美亚 1 号 > 联创 3 号 > 吉祥 1 号 > 荃玉 9 号 > 成单 30。灌浆速率达到峰值之后,3 类品种的灌浆速率逐渐减小,减小幅度表现为 L > M > H。

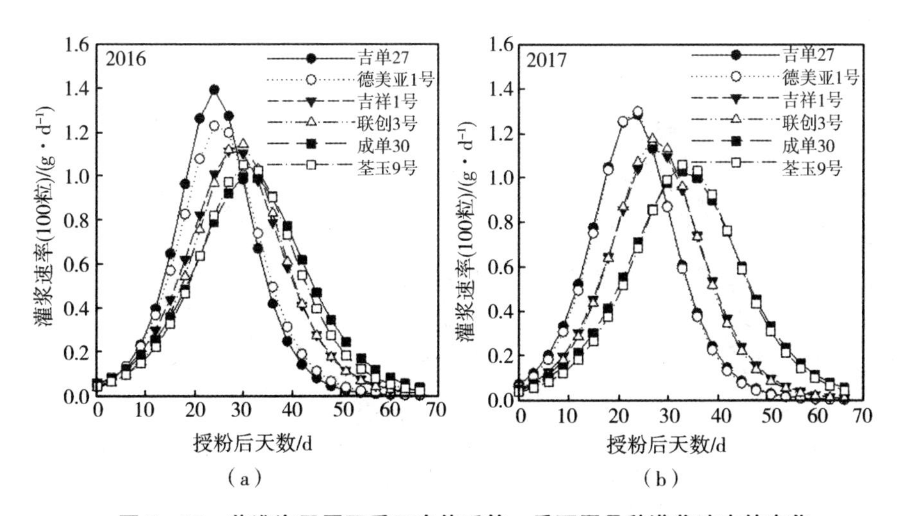

图 5-12 黄淮海平原双季玉米体系第一季不同品种灌浆速率的变化

黄淮海平原双季玉米体系第二季不同类别品种的灌浆速率对种植密度变化的响应一致，均呈单峰曲线变化，如图 5－13 所示。L 类别品种、M 类别品种和 H 类别品种的灌浆速率随种植密度的增大而逐渐减小，表现为 $D_1 > D_2 > D_3$，可见种植密度的变化促使籽粒灌浆速率所受的胁迫程度发生变化，从而制约籽粒灌浆。随着灌浆进程的推进，3 类品种的灌浆速率差异逐渐增大，均在授粉后 25 d 左右达到灌浆高峰期，且灌浆速率的差异在灌浆高峰期达到最大，其中 H 类别品种灌浆速率的峰值最大，其次是 M 类别品种，L 类别品种最小。灌浆速率达到峰值后，L 类别品种、M 类别品种和 H 类别品种的灌浆速率随灌浆时间的增加而逐渐减小，而灌浆后期的灌浆速率差异不显著。

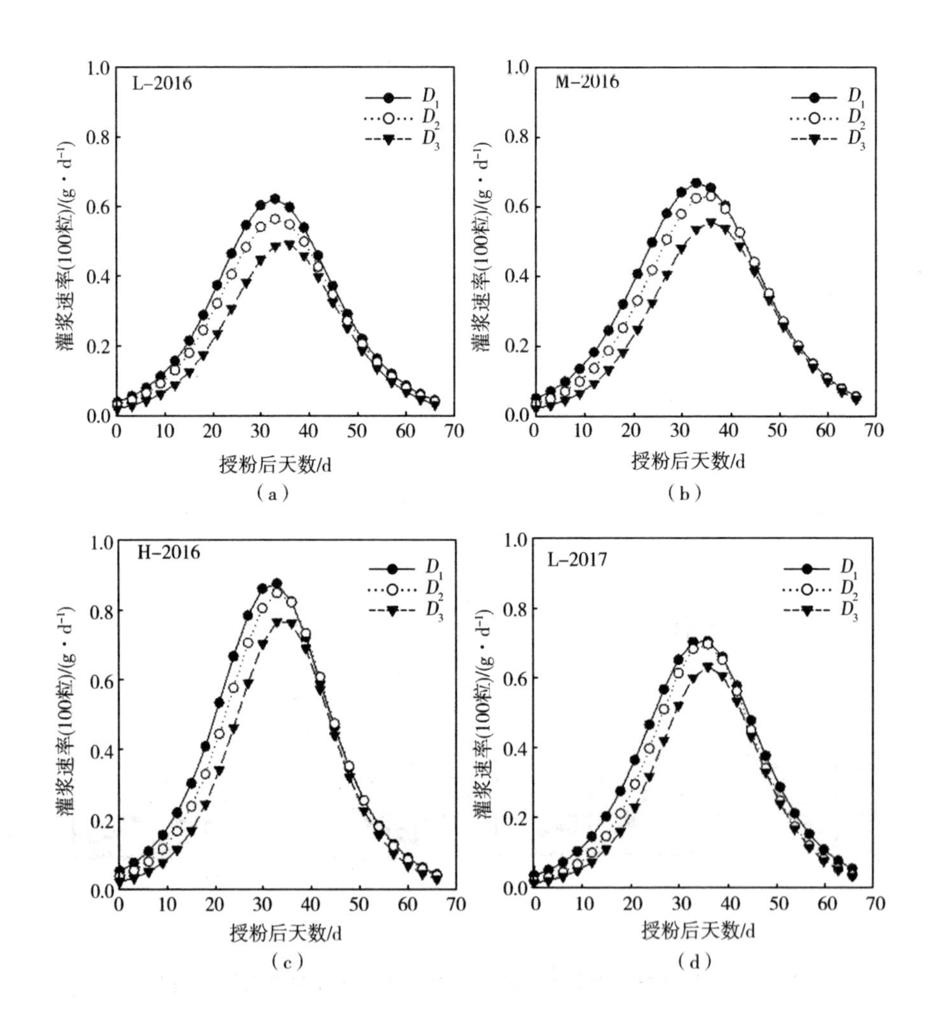

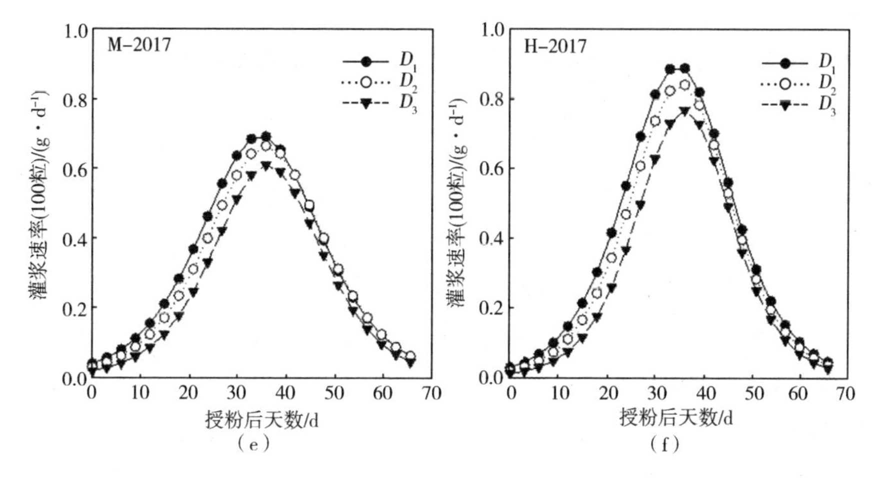

图5-13　黄淮海平原双季玉米体系第二季不同种植密度下不同类别品种灌浆速率的变化

由图5-14可知,各品种的灌浆速率不同,L类别品种、M类别品种和H类别品种灌浆速率的差异随灌浆进程的推进逐渐增大。在灌浆渐增期和灌浆快增期,不同类别品种的灌浆速率表现为H>M>L,在灌浆高峰初期的差异不显著。H类别品种、M类别品种、H类别品种灌浆速率的峰值分别为0.83 g·d^{-1}、0.64 g·d^{-1}、0.62 g·d^{-1},在品种间表现为宜单629>浚单22>郑单958>吉祥1号>德美亚3号>兴垦10。灌浆速率达到峰值后,L类别品种、M类别品种和H类别品种的灌浆速率逐渐减小,差异不显著。

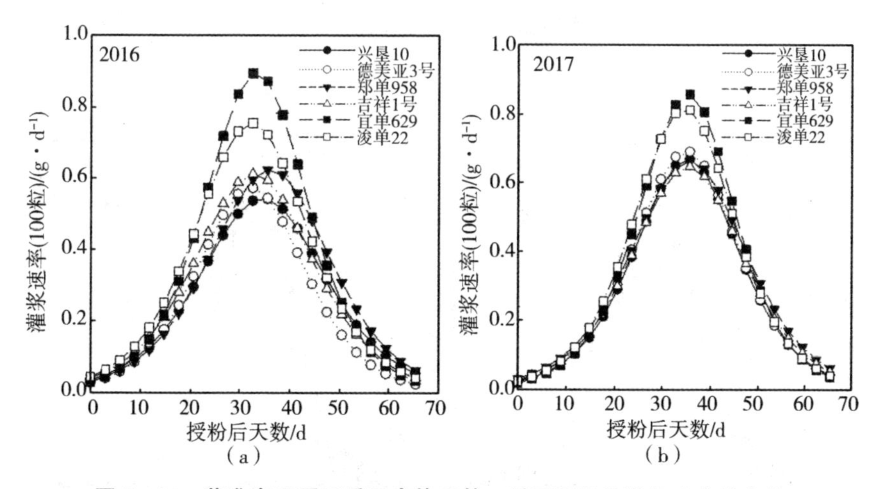

图5-14　黄淮海平原双季玉米体系第二季不同品种灌浆速率的变化

2. 长江中游地区不同种植密度下不同类别品种灌浆速率的变化

长江中游地区双季玉米体系第一季不同类别品种的灌浆速率对种植密度的响应呈单峰曲线变化，如图 5－15 所示，且均随种植密度的增大而减小，表现为 $D_1 > D_2 > D_3$。在不同的种植密度下，L 类别品种的灌浆速率在授粉后 25～27 d 时达到峰值，在灌浆渐增期和灌浆缓增期变化不大，在灌浆快增期变化较大。M 类别品种、H 类别品种的灌浆速率分别在 28～30 d、29～32 d 时达到峰值，2 类品种在灌浆渐增期的灌浆速率较 L 类别品种缓慢增大且持续时间较长，随着种植密度的增大，差异不大。L 类别品种灌浆速率的峰值最大，其次是 M 类别品种和 H 类别品种。灌浆速率达到峰值后，各类别品种的灌浆速率逐渐减小，减小幅度表现为 L > M > H。

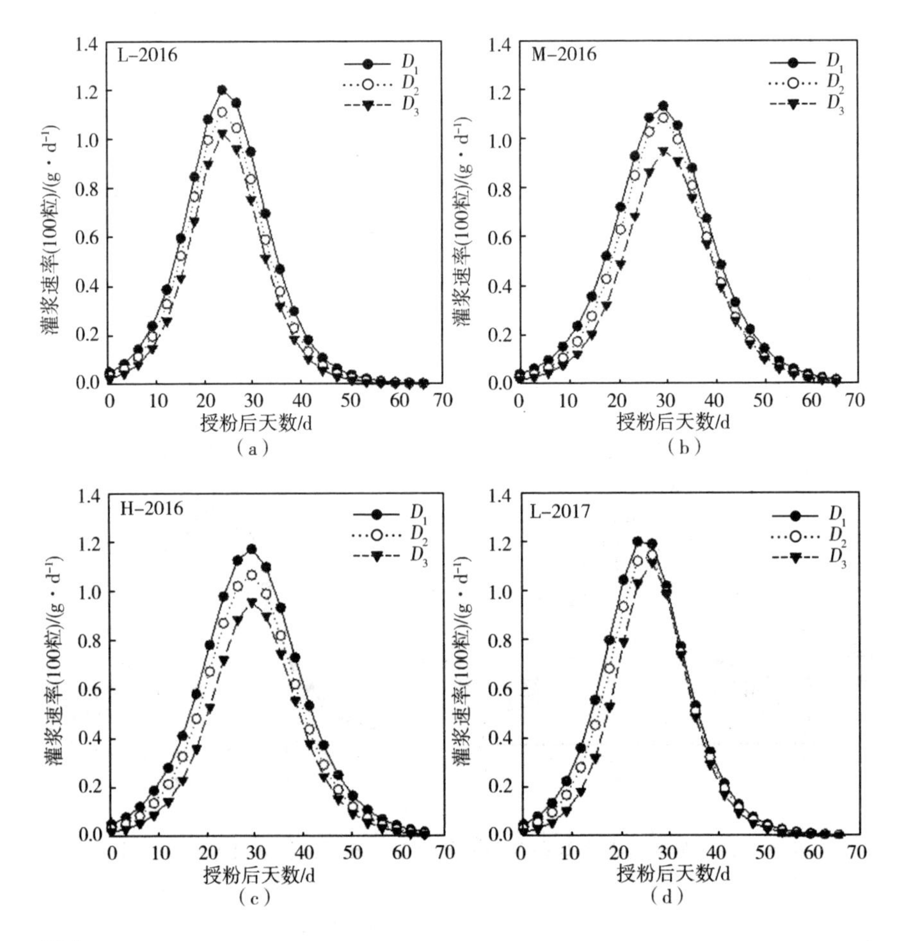

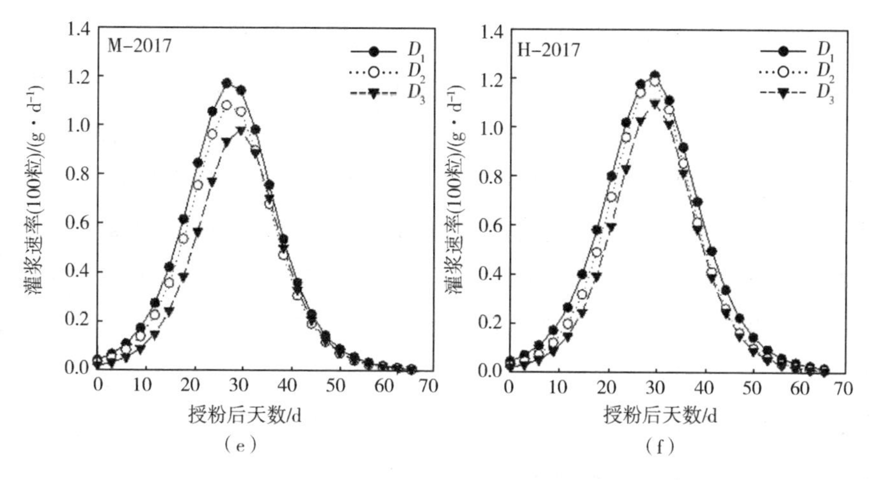

图 5－15　长江中游地区双季玉米体系第一季不同种植密度下不同类别品种灌浆速率的变化

由图 5－16 可知，L 类别品种、M 类别品种和 H 类别品种灌浆速率的差异随灌浆时间的增加而逐渐增大。在灌浆渐增期和灌浆快增期，不同类别品种的灌浆速率表现为 L＞M＞H，且 L 类别品种达到灌浆峰值的时间分别比 M 类别品种、H 类别品种提前 2～3 d、4～5 d。L 类别品种、M 类别品种、H 类别品种灌浆速率的峰值分别为 1.12 $g \cdot d^{-1}$、1.08 $g \cdot d^{-1}$、1.06 $g \cdot d^{-1}$。3 类品种达到灌浆峰值后，灌浆速率随灌浆进程的推进而逐渐减小，减小幅度表现为 L＞M＞H。

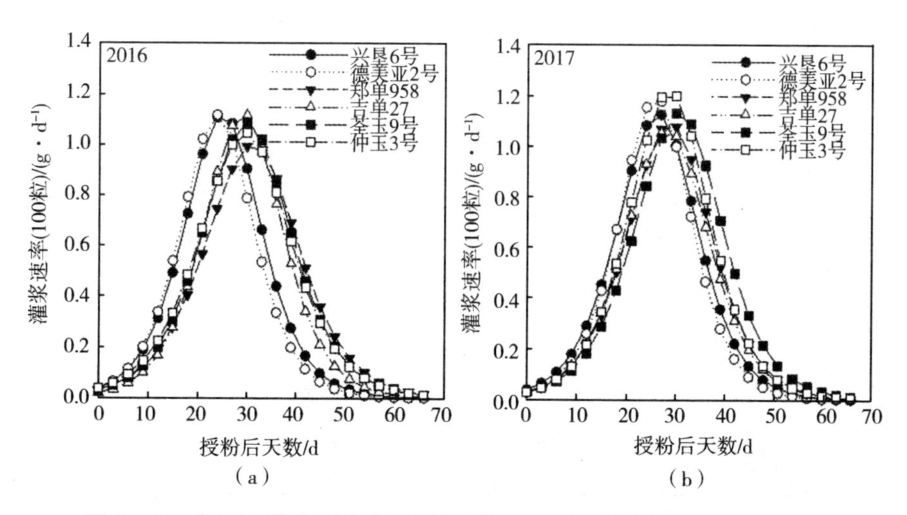

图 5－16　长江中游地区双季玉米体系第一季不同品种灌浆速率的变化

长江中游地区双季玉米体系第二季不同类别品种的灌浆速率对种植密度的响应呈单峰曲线变化，如图 5 - 17 所示。H 类别品种和 M 类别品种的灌浆速率均随种植密度的增大而逐渐减小，表现为 $D_1 > D_2 > D_3$。随着灌浆时间的增加，不同搭配模式的 H 类别品种、M 类别品种灌浆速率的差异逐渐增大，均在授粉后 25 d 左右达到灌浆高峰期，灌浆速率的差异在灌浆高峰期达到最大。不同搭配模式的灌浆速率表现为 M(HM) > H(LH) > M(MM) > H(MH)。灌浆速率达到峰值后，H 类别品种和 M 类别品种的灌浆速率逐渐减小，差异不显著。由图 5 - 18 可知，在不同搭配模式下，不同类别品种灌浆速率的差异不显著，M 类别品种灌浆速率的峰值为 1.01 g·d^{-1}，H 类别品种灌浆速率的峰值为 0.99 g·d^{-1}，灌浆速率在品种间表现为吉祥 1 号 > 联创 3 号 > 郑单 958 > 浚单 22。

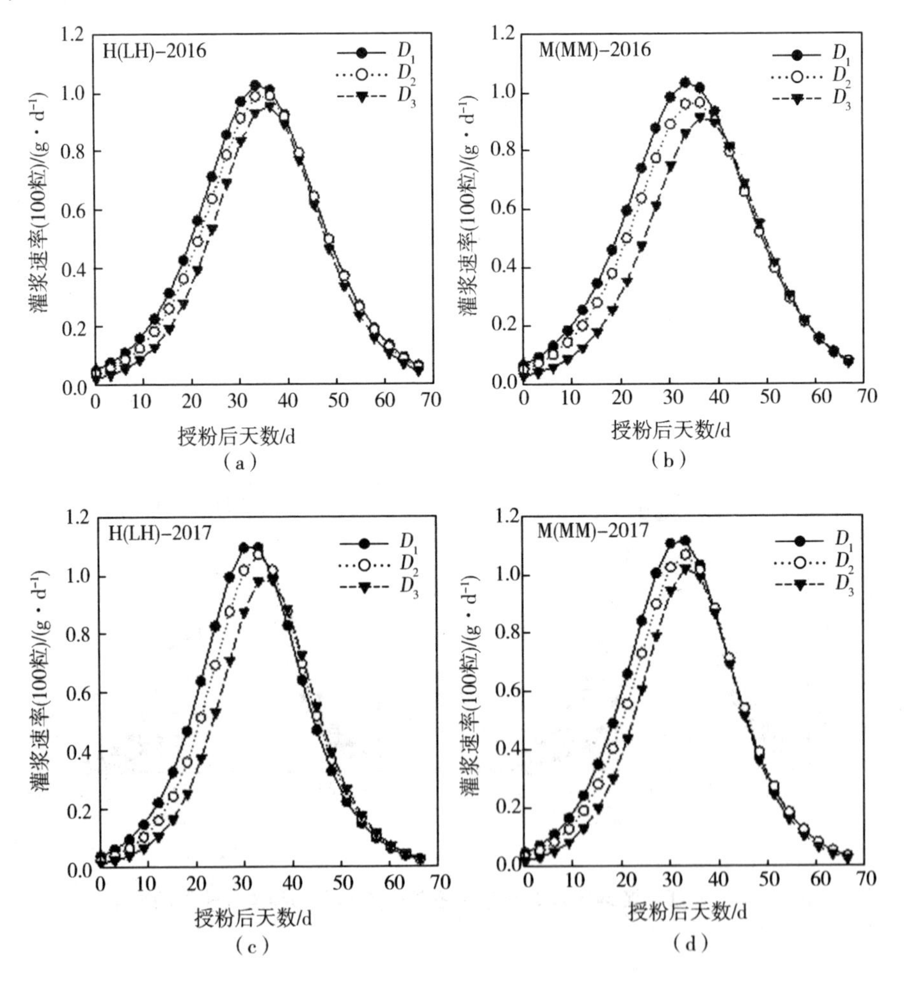

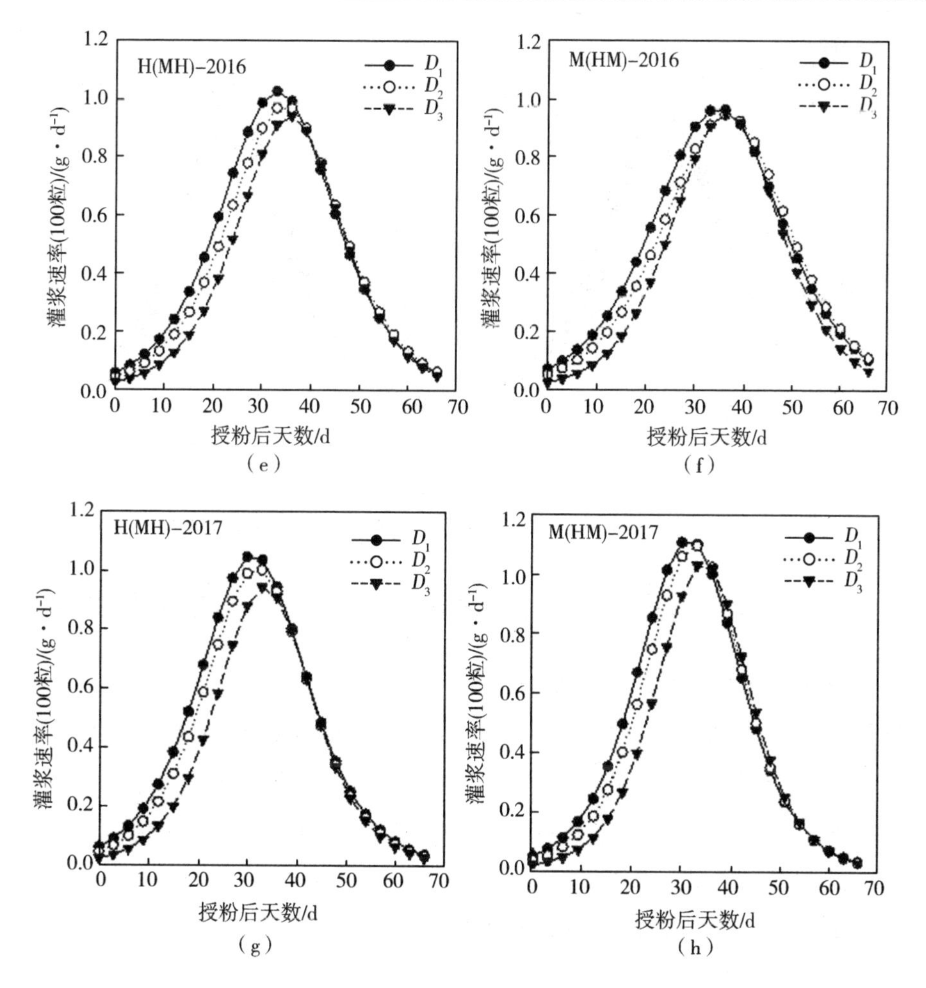

图 5-17 长江中游地区双季玉米体系第二季不同种植密度下不同类别品种灌浆速率的变化

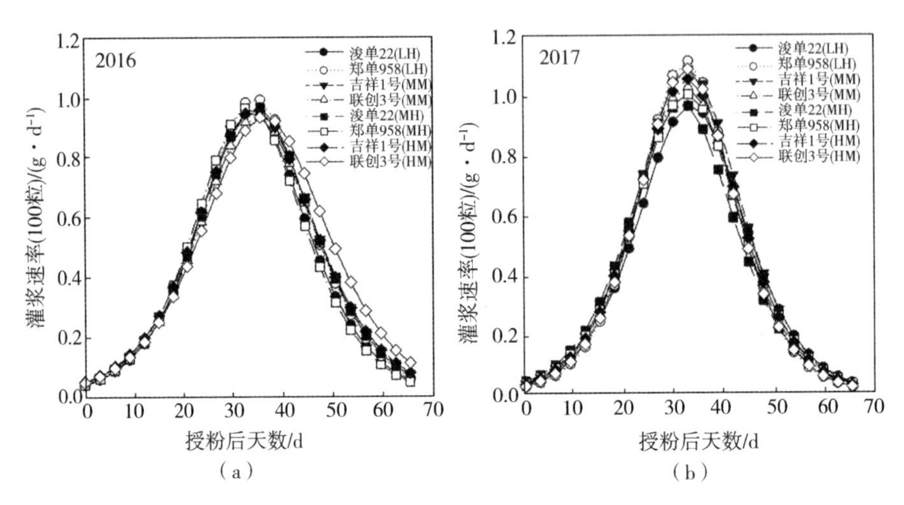

（a）　　（b）

图5－18　长江中游地区双季玉米体系第二季不同品种灌浆速率的变化

（三）不同种植密度下双季玉米体系不同类别品种籽粒灌浆模型

在黄淮海平原和长江中游地区双季玉米体系中，以授粉后天数 t 为自变量，以百粒重 W 为因变量，运用 Logistic 方程对两季的籽粒灌浆过程进行拟合，得出籽粒灌浆模型，见表5－3 和表5－4。由表5－3、表5－4 可知，在不同种植密度下，两季不同类别品种籽粒灌浆过程拟合的决定系数 R^2 都在 0.99 以上，说明在不同的生长季，Logistic 方程都可以较好地拟合不同种植密度下 L 类别品种、M 类别品种和 H 类别品种的籽粒灌浆过程。

表 5 - 3　不同种植密度下双季玉米体系两季不同类别品种籽粒灌浆模型（黄淮海平原）

年份	搭配模式	种植密度	第一季		第二季	
			籽粒灌浆模型	决定系数 R^2	籽粒灌浆模型	决定系数 R^2
2016	LH	D_1	$W=29.20/(1+92.99e^{-0.183t})$	0.999 7	$W=26.79/(1+64.88e^{-0.130t})$	0.999 3
		D_2	$W=27.23/(1+108.46e^{-0.191t})$	0.999 5	$W=24.77/(1+91.61e^{-0.136t})$	0.999 0
		D_3	$W=24.51/(1+139.64e^{-0.203t})$	0.999 5	$W=21.21/(1+139.83e^{-0.144t})$	0.999 2
	MM	D_1	$W=31.21/(1+80.39e^{-0.155t})$	0.999 8	$W=22.73/(1+49.91e^{-0.117t})$	0.998 9
		D_2	$W=27.97/(1+101.31e^{-0.161t})$	0.999 8	$W=20.60/(1+71.26e^{-0.122t})$	0.998 2
		D_3	$W=24.93/(1+136.93e^{-0.170t})$	0.999 6	$W=17.58/(1+94.88e^{-0.125t})$	0.999 7
	HL	D_1	$W=31.90/(1+65.60e^{-0.133t})$	0.999 7	$W=21.70/(1+58.64e^{-0.122t})$	0.999 7
		D_2	$W=29.05/(1+83.65e^{-0.142t})$	0.999 7	$W=19.38/(1+73.53e^{-0.125t})$	0.999 2
		D_3	$W=25.40/(1+108.70e^{-0.153t})$	0.999 6	$W=17.42/(1+116.96e^{-0.132t})$	0.999 7
2017	LH	D_1	$W=30.12/(1+59.97e^{-0.179t})$	0.998 2	$W=26.57/(1+78.49e^{-0.118t})$	0.999 6
		D_2	$W=27.84/(1+81.82e^{-0.189t})$	0.999 0	$W=24.43/(1+103.59e^{-0.121t})$	0.999 6
		D_3	$W=24.90/(1+93.58e^{-0.197t})$	0.997 7	$W=21.01/(1+134.82e^{-0.127t})$	0.999 7
	MM	D_1	$W=30.41/(1+83.98e^{-0.159t})$	0.999 5	$W=23.19/(1+65.89e^{-0.123t})$	0.999 6
		D_2	$W=28.09(1+97.52e^{-0.165t})$	0.999 6	$W=21.65/(1+84.71e^{-0.123t})$	0.999 7
		D_3	$W=24.92/(1+123.65e^{-0.177t})$	0.999 4	$W=18.42/(1+126.39e^{-0.133t})$	0.999 3
	HL	D_1	$W=32.94/(1+75.79e^{-0.131t})$	0.998 9	$W=23.73/(1+51.88e^{-0.108t})$	0.999 7
		D_2	$W=30.97/(1+91.17e^{-0.134t})$	0.999 5	$W=21.89/(1+84.52e^{-0.121t})$	0.999 5
		D_3	$W=27.63/(1+143.65e^{-0.147t})$	0.999 5	$W=18.67/(1+135.31e^{-0.131t})$	0.998 9

表 5－4 不同种植密度下双季玉米体系两季不同类别品种籽粒灌浆模型（长江中游地区）

年份	搭配模式	种植密度	第一季		第二季	
			籽粒灌浆模型	决定系数 R^2	籽粒灌浆模型	决定系数 R^2
2016	LH	D_1	$W=25.67/(1+74.51e^{-0.170t})$	0.998 3	$W=32.16/(1+71.92e^{-0.126t})$	0.998 2
		D_2	$W=23.27/(1+93.19e^{-0.180t})$	0.998 6	$W=30.19/(1+92.14e^{-0.131t})$	0.998 8
		D_3	$W=20.25/(1+121.37e^{-10.188t})$	0.999 3	$W=26.89/(1+145.35e^{-0.141t})$	0.999 5
	MM	D_1	$W=27.59/(1+90.16e^{-0.150t})$	0.999 7	$W=33.37/(1+60.81e^{-0.122t})$	0.998 1
		D_2	$W=24.88/(1+131.79e^{-0.159t})$	0.999 6	$W=30.53/(1+76.41e^{-0.125t})$	0.999 2
		D_3	$W=21.57/(1+203.01e^{-0.167t})$	0.999 6	$W=27.05/(1+135.89e^{-0.133t})$	0.999 5
	MH	D_1	$W=27.59/(1+90.16e^{-0.150t})$	0.999 7	$W=32.14/(1+67.19e^{-0.127t})$	0.999 2
		D_2	$W=24.88/(1+131.79e^{-0.159t})$	0.999 6	$W=30.12/(1+86.93e^{-0.129t})$	0.996 8
		D_3	$W=21.57/(1+203.01e^{-0.167t})$	0.999 6	$W=26.88/(1+144.72e^{-0.140t})$	0.998 8
	HM	D_1	$W=28.57/(1+95.17e^{-0.158t})$	0.997 8	$W=34.20/(1+49.74e^{-0.112t})$	0.998 4
		D_2	$W=26.24/(1+142.84e^{-0.166t})$	0.998 7	$W=32.54/(1+67.64e^{-0.116t})$	0.998 1
		D_3	$W=22.45/(1+219.84e^{-0.176t})$	0.997 6	$W=27.93/(1+143.16e^{-0.136t})$	0.998 8

续表

年份	搭配模式	种植密度	第一季		第二季	
			籽粒灌浆模型	决定系数 R^2	籽粒灌浆模型	决定系数 R^2
2017	LH	D_1	$W=26.78/(1+81.21e^{-0.174t})$	0.999 7	$W=30.16/(1+99.88e^{-0.146t})$	0.997 6
		D_2	$W=24.22/(1+157.96e^{-0.196t})$	0.999 0	$W=28.42/(1+142.66e^{-0.150t})$	0.997 5
		D_3	$W=20.66/(1+304.44e^{-0.216t})$	0.999 5	$W=25.60/(1+214.29e^{-0.155t})$	0.998 2
	MM	D_1	$W=27.11/(1+88.23e^{-0.158t})$	0.999 3	$W=31.89/(1+86.42e^{-0.140t})$	0.998 5
		D_2	$W=24.73(1+116.48e^{-0.165t})$	0.999 2	$W=29.76/(1+109.43e^{-0.143t})$	0.998 3
		D_3	$W=20.53/(1+211.11e^{-0.182t})$	0.999 7	$W=26.44/(1+181.13e^{-0.155t})$	0.998 6
	MH	D_1	$W=27.11/(1+88.23e^{-0.158t})$	0.999 3	$W=31.11/(1+65.46e^{-0.134t})$	0.997 9
		D_2	$W=24.73(1+116.48e^{-0.165t})$	0.999 2	$W=28.51/(1+89.30e^{-0.141t})$	0.998 7
		D_3	$W=20.53/(1+211.11e^{-0.182t})$	0.999 7	$W=24.75/(1+162.52e^{-0.152t})$	0.998 2
	HM	D_1	$W=29.74/(1+98.11e^{-0.156t})$	0.999 6	$W=31.08/(1+90.93e^{-0.144t})$	0.998 8
		D_2	$W=26.86/(1+167.31e^{-0.174t})$	0.999 5	$W=29.16/(1+132.84e^{-0.151t})$	0.998 8
		D_3	$W=23.53/(1+243.48e^{-0.184t})$	0.998 5	$W=26.04/(1+242.68e^{-0.160t})$	0.999 2

(四)不同种植密度下双季玉米体系不同类别品种的灌浆参数

黄淮海平原双季玉米体系第一季不同类别品种的灌浆参数见表5-5。由表5-5可知,在不同的种植密度下,3类品种的灌浆速率最大时的生长量(W_{max})、灌浆活跃期(P)、灌浆速率达到最大所需的时间(t_{max})、最大灌浆速率(G_{max})和平均灌浆速率(G_{mean})均随种植密度的增大而逐渐减小,积累起始势(R_0)随种植密度的增大而逐渐增大;种植密度对t_{max}影响不大,但对其他参数有一定的影响。灌浆参数是影响籽粒灌浆的重要因素。在第一季的各灌浆参数中,W_{max}、P、t_{max}、G_{max}、G_{mean}随种植密度的变化表现出与千粒重相同的趋势。相关分析表明,W_{max}、P与第一季不同类别品种的千粒重显著正相关($p<0.01$),R_0与第一季不同类别品种的千粒重显著负相关($p<0.01$),其他参数与千粒重相关不显著。由此可知,W_{max}、P、R_0的变化是双季玉米体系第一季不同类别品种粒重随种植密度变化的主要原因。对于不同类别品种第一季的灌浆参数,H类别品种的W_{max}、P、t_{max}均大于M类别品种和L类别品种,其G_{max}、G_{mean}和R_0均小于其他2类品种。

对于第二季不同类别品种的灌浆参数,在不同的种植密度下,3类品种的W_{max}、P、G_{max}、G_{mean}均随种植密度的增大而减小,t_{max}、R_0随种植密度的增大而增大。由表5-5可知,种植密度对第二季不同类别品种的灌浆参数均有一定的影响,其中W_{max}、P、G_{max}、G_{mean}随种植密度的变化表现出与千粒重相同的趋势。相关分析表明,W_{max}、G_{max}、G_{mean}与第二季不同类别品种的千粒重显著正相关($p<0.01$),其他参数与千粒重相关不显著。由此可知,W_{max}、G_{max}、G_{mean}的变化是双季玉米体系第二季不同类别品种粒重随种植密度变化的主要原因。对于不同类别品种第二季的灌浆参数,H类别品种的W_{max}、G_{max}、G_{mean}均大于M类别品种和L类别品种,其他参数随种植密度的变化未发生显著变化。可见,灌浆速率和W_{max}共同影响黄淮海平原双季玉米体系第二季的粒重形成。

表 5-5 不同种植密度下双季玉米体系两季不同类别品种的灌浆参数及其与粒重的相关系数(黄淮海平原)

年份	搭配模式	种植密度	灌浆参数											
			第一季						第二季					
			W_{max}	R_0	P	t_{max}	G_{max}	G_{mean}	W_{max}	R_0	P	t_{max}	G_{max}	G_{mean}
2016	LH	D_1	14.60	0.183	32.79	24.77	1.34	0.580	13.40	0.130	46.27	32.18	0.87	0.39
		D_2	13.62	0.191	31.41	24.54	1.30	0.555	12.39	0.136	44.28	33.34	0.84	0.36
		D_3	12.26	0.203	29.56	24.33	1.24	0.517	10.60	0.144	41.64	34.29	0.76	0.32
	MM	D_1	15.60	0.155	38.62	28.23	1.21	0.534	11.36	0.117	51.49	33.55	0.66	0.31
		D_2	13.99	0.161	37.31	28.71	1.12	0.483	10.30	0.122	49.08	34.90	0.63	0.28
		D_3	12.46	0.170	35.32	28.96	1.06	0.441	8.79	0.125	47.95	36.38	0.55	0.24
	HL	D_1	15.95	0.133	45.10	31.45	1.06	0.479	10.59	0.122	49.01	33.26	0.65	0.30
		D_2	14.52	0.142	42.16	31.10	1.03	0.454	9.69	0.125	47.88	34.30	0.61	0.27
		D_3	12.70	0.153	39.21	30.64	0.97	0.415	8.71	0.132	45.59	36.18	0.57	0.24

续表

年份	搭配模式	种植密度	灌浆参数											
			第一季						第二季					
			W_{max}	R_0	P	t_{max}	G_{max}	G_{mean}	W_{max}	R_0	P	t_{max}	G_{max}	G_{mean}
2017	LH	D_1	15.06	0.179	33.50	22.86	1.35	0.615	13.28	0.119	50.25	36.54	0.79	0.351
		D_2	13.92	0.189	31.78	23.33	1.31	0.578	12.21	0.124	48.35	37.40	0.76	0.325
		D_3	12.45	0.197	30.53	23.09	1.22	0.530	10.50	0.129	46.51	38.02	0.68	0.282
	MM	D_1	15.21	0.159	37.79	27.91	1.21	0.530	11.60	0.120	50.08	34.96	0.69	0.313
		D_2	14.05	0.165	36.46	27.83	1.16	0.499	10.82	0.123	48.73	36.05	0.67	0.292
		D_3	12.46	0.177	33.95	27.26	1.10	0.463	9.21	0.133	45.10	36.38	0.61	0.257
	HL	D_1	16.47	0.131	45.92	33.12	1.08	0.478	11.85	0.108	55.53	36.55	0.64	0.297
		D_2	15.48	0.134	44.93	33.79	1.03	0.450	10.94	0.121	49.63	36.70	0.66	0.290
		D_3	13.81	0.147	40.87	33.83	1.01	0.420	9.33	0.131	45.85	37.50	0.61	0.255
相关系数 r			0.95**	−0.66**	0.67**	0.39	−0.04	0.13	0.83**	−0.12	0.13	0.02	0.77**	0.76**

注：* * 表示在 0.01 水平上相关显著。

如表5－6所示，根据Logistic方程所拟合曲线的拐点进一步将黄淮海平原双季玉米体系两季不同类别品种的灌浆过程分为三个阶段，即灌浆渐增期、灌浆快增期和灌浆缓增期。第一季，在灌浆渐增期，在不同的种植密度下，随着种植密度的增大，3类品种的灌浆渐增期持续时间（T_1）逐渐增大，而灌浆渐增期的粒重增量（w_1）和平均灌浆速率（v_1）逐渐减小。在灌浆快增期，3类品种的灌浆持续时间（T_2）、粒重增量（w_2）和平均灌浆速率（v_2）随种植密度的增大而减小。在灌浆缓增期，3类品种的灌浆持续时间（T_3）、粒重增量（w_3）和平均灌浆速率（v_3）也随种植密度的增大而减小。种植密度对H类别品种灌浆快增期各灌浆参数的影响较大，随着种植密度的增大，各灌浆参数减小的幅度较大，而其他2类品种减小的幅度较小。在不同类别品种间，H类别品种的T_1、T_2和T_3均大于其他2类品种，且T_1和T_3最大，表现为$T_3 > T_1 > T_2$；H类别品种的w_1、w_2和w_3大于其他2类品种，表现为$w_2 > w_1 > w_3$；H类别品种的v_1、v_2和v_3小于其他2类品种，表现为$v_2 > v_1 > v_3$。综合分析得出，不同类别品种的粒重差异主要是在灌浆快增期形成的，粒重积累量的提高可以通过适当延长灌浆快增期来实现。

第二季，在灌浆渐增期，在不同的种植密度下，3类品种的T_1随种植密度的增大而增大，而w_1和v_1逐渐减小。在灌浆快增期，3类品种的T_2、w_2和v_2随种植密度的增大而减小。在灌浆缓增期，3类品种的T_3、w_3和v_3也随种植密度的增大而减小。在不同类别品种间，H类别品种的T_1大于其他2类品种，而T_2和T_3均小于其他2类品种，且T_1和T_3最大，表现为$T_3 > T_1 > T_2$；H类别品种在灌浆渐增期、灌浆快增期、灌浆缓增期的粒重增量和平均灌浆速率均大于其他2类品种，灌浆期粒重增量和平均灌浆速率表现为灌浆快增期 > 灌浆缓增期 > 灌浆渐增期。

表5-6　不同种植密度下双季玉米体系两季不同类别品种灌浆过程三个阶段的灌浆参数(黄淮海平原)

年份	搭配模式	种植密度	第一季									第二季								
			灌浆渐增期			灌浆快增期			灌浆缓增期			灌浆渐增期			灌浆快增期			灌浆缓增期		
			T_1	w_1	v_1	T_2	w_2	v_2	T_3	w_3	v_3	T_1	w_1	v_1	T_2	w_2	v_2	T_3	w_3	v_3
2016	LH	D_1	17.57	5.87	0.33	14.39	16.87	1.17	17.91	5.86	0.33	22.50	4.13	0.18	21.52	12.23	0.57	26.78	4.25	0.16
		D_2	17.64	5.52	0.31	13.79	15.73	1.14	17.16	5.47	0.32	23.79	3.84	0.16	21.02	11.20	0.53	26.16	3.89	0.15
		D_3	17.84	5.01	0.28	12.98	14.16	1.09	16.15	4.92	0.30	26.18	3.54	0.14	20.02	10.06	0.50	24.91	3.50	0.14
	MM	D_1	19.76	6.22	0.31	16.95	18.03	1.06	21.10	6.27	0.30	22.25	4.36	0.20	22.60	13.13	0.58	28.13	4.56	0.16
		D_2	20.53	5.65	0.28	16.38	16.16	0.99	20.38	5.62	0.28	24.13	4.07	0.17	21.55	11.90	0.55	26.81	4.14	0.15
		D_3	21.21	5.10	0.24	15.51	14.40	0.93	19.30	5.00	0.26	25.86	3.54	0.14	21.05	10.15	0.48	26.20	3.53	0.13
	HL	D_1	21.55	6.27	0.29	19.80	18.43	0.93	24.64	6.40	0.26	22.02	5.26	0.24	20.31	15.48	0.76	25.28	5.38	0.21
		D_2	21.85	5.81	0.27	18.51	16.78	0.91	23.03	5.83	0.25	23.62	4.98	0.21	19.44	14.31	0.74	24.19	4.97	0.21
		D_3	22.03	5.14	0.23	17.21	14.67	0.85	21.42	5.10	0.24	25.15	4.34	0.17	18.28	12.25	0.67	22.75	4.26	0.19

续表

年份	搭配模式	种植密度	第一季									第二季								
			灌浆渐增期			灌浆快增期			灌浆缓增期			灌浆渐增期			灌浆快增期			灌浆缓增期		
			T_1	w_1	v_1	T_2	w_2	v_2	T_3	w_3	v_3	T_1	w_1	v_1	T_2	w_2	v_2	T_3	w_3	v_3
2017	LH	D_1	15.50	5.88	0.38	14.71	17.40	1.18	18.30	6.05	0.33	24.36	4.57	0.19	24.38	13.71	0.56	30.34	4.76	0.16
		D_2	16.35	5.56	0.34	13.95	16.08	1.15	17.36	5.59	0.32	25.81	4.38	0.17	21.79	12.64	0.58	27.12	4.39	0.16
		D_3	16.39	5.01	0.31	13.40	14.38	1.07	16.68	5.00	0.30	27.44	3.82	0.14	20.13	10.78	0.54	25.05	3.75	0.15
	MM	D_1	19.61	6.08	0.31	16.59	17.57	1.06	20.65	6.11	0.30	23.96	4.56	0.19	21.99	13.40	0.61	27.36	4.66	0.17
		D_2	19.83	5.66	0.29	16.00	16.23	1.01	19.92	5.64	0.28	25.36	4.33	0.17	21.39	12.50	0.58	26.62	4.35	0.16
		D_3	19.80	5.07	0.26	14.90	14.39	0.97	18.55	5.00	0.27	26.48	3.75	0.14	19.80	10.64	0.54	24.64	3.70	0.15
	HL	D_1	23.04	6.54	0.28	20.16	19.03	0.94	25.09	6.61	0.26	25.51	5.29	0.21	22.06	15.35	0.70	27.45	5.33	0.19
		D_2	23.93	6.22	0.26	19.72	17.89	0.91	24.54	6.22	0.25	26.78	4.94	0.18	21.23	14.11	0.66	26.42	4.90	0.19
		D_3	24.86	5.66	0.23	17.94	15.96	0.89	22.33	5.55	0.25	27.81	4.29	0.15	20.42	12.13	0.59	25.41	4.22	0.17

长江中游地区双季玉米体系第一季不同类别品种的灌浆参数见表5-7。由表5-7可知,在不同的种植密度下,3类品种的W_{max}、P、G_{max}和G_{mean}均随种植密度的增大而减小,而R_0和t_{max}随种植密度的增大而增大。种植密度对T_{max}影响不大,而对其他参数有一定的影响。在各灌浆参数中,W_{max}、P、t_{max}、G_{max}、G_{mean}随种植密度的变化表现出与粒重相同的趋势。相关分析表明,W_{max}、G_{max}与第一季不同类别品种的粒重极显著正相关($p<0.01$),G_{mean}与第一季不同类别品种的粒重显著正相关($p<0.05$),其他参数与粒重相关不显著。由此可知,W_{max}、灌浆速率的变化是长江中游地区双季玉米体系第一季不同类别品种粒重随种植密度变化的主要原因。

对于长江中游地区第二季不同类别品种的灌浆参数,在不同的种植密度和搭配模式下,2类品种的W_{max}、P、G_{max}和G_{mean}均随种植密度的增大而减小,t_{max}、R_0随种植密度的增大而增大。种植密度对第二季不同类别品种的灌浆参数均有一定的影响,其中W_{max}、P、G_{max}、G_{mean}随种植密度的变化表现出与粒重相同的趋势。相关分析表明,W_{max}、P、G_{mean}与第二季不同类别品种的粒重极显著正相关($p<0.01$),G_{max}与第二季不同类别品种的粒重显著正相关($p<0.05$),R_0、t_{max}与第二季不同类别品种的粒重显著负相关($p<0.05$)。由此可知,W_{max}、P、G_{max}和G_{mean}的变化是长江中游地区双季玉米体系第二季不同类别品种粒重随种植密度变化的主要原因。

如表5-8所示,根据Logistic方程所拟合曲线的拐点进一步将长江中游地区双季玉米体系两季不同类别品种的灌浆过程分为灌浆渐增期、灌浆快增期和灌浆缓增期。第一季,在灌浆渐增期,在不同的种植密度下,随着种植密度的增大,3类品种的T_1逐渐增大,而w_1和v_1逐渐减小。在灌浆快增期,3类品种的T_2、w_2和v_2随种植密度的增大而逐渐减小。在灌浆缓增期,3类品种的T_3、w_3和v_3也随种植密度的增大而逐渐减小。种植密度对H类别品种灌浆快增期的各灌浆参数影响较大,随着种植密度的增大,各灌浆参数减小的幅度较大,而其他2类品种减小的幅度较小。在不同类别品种间,H类别品种的T_1、T_2和T_3均大于其他2类品种,且T_1和T_3最大,表现为$T_1>T_3>T_2$;H类别品种的w_1、w_2和w_3大于其他2类品种,表现为$w_2>w_1>w_3$;L类别品种的v_1、v_2和v_3是最大的,表现为$v_2>v_3>v_1$。

表 5-7　不同种植密度下双季玉米体系两季不同类别品种灌浆参数及其与粒重的相关系数(长江中游地区)

年份	搭配模式	种植密度	灌浆参数											
			第一季						第二季					
			W_{max}	R_0	P	t_{max}	G_{max}	G_{mean}	W_{max}	R_0	P	t_{max}	G_{max}	G_{mean}
2016	LH	D_1	12.84	0.171	35.00	25.15	1.10	0.489	16.08	0.126	47.49	33.84	1.02	0.45
		D_2	11.64	0.180	33.41	25.25	1.04	0.453	15.10	0.131	45.88	34.59	0.99	0.43
		D_3	10.13	0.188	31.87	25.49	0.95	0.402	13.45	0.141	42.53	35.29	0.95	0.39
	MM	D_1	13.80	0.149	40.34	30.26	1.03	0.447	16.68	0.122	49.31	33.76	1.01	0.46
		D_2	12.44	0.159	37.83	30.78	0.99	0.412	15.26	0.125	48.08	34.74	0.95	0.42
		D_3	10.88	0.167	35.89	31.79	0.91	0.363	13.53	0.133	45.01	36.85	0.90	0.38
	MH	D_1	13.80	0.149	40.34	30.26	1.03	0.447	16.07	0.127	47.26	33.14	1.02	0.46
		D_2	12.44	0.159	37.83	30.78	0.99	0.412	15.06	0.129	46.40	34.53	0.97	0.43
		D_3	10.88	0.167	35.89	31.79	0.91	0.363	13.44	0.140	42.97	35.62	0.94	0.39
	HL	D_1	14.28	0.158	38.06	28.89	1.13	0.487	17.15	0.112	53.65	35.21	0.96	0.45
		D_2	13.12	0.166	36.16	29.90	1.09	0.451	16.06	0.114	52.60	36.48	0.92	0.41
		D_3	11.22	0.175	34.32	30.84	0.98	0.389	14.14	0.128	47.05	37.12	0.90	0.38

续表

年份	搭配模式	种植密度	灌浆参数											
			第一季						第二季					
			W_{max}	R_0	P	t_{max}	G_{max}	G_{mean}	W_{max}	R_0	P	t_{max}	G_{max}	G_{mean}
2017	LH	D_1	13.39	0.174	34.48	25.27	1.17	0.513	15.08	0.146	41.08	31.52	1.10	0.47
		D_2	12.11	0.196	30.63	25.84	1.19	0.486	14.21	0.150	39.97	33.04	1.07	0.44
		D_3	10.33	0.216	27.72	26.42	1.12	0.429	12.80	0.155	38.80	34.71	0.99	0.39
	MM	D_1	13.55	0.158	37.88	28.29	1.07	0.468	15.95	0.140	42.81	31.82	1.12	0.49
		D_2	12.37	0.165	36.32	28.80	1.02	0.433	14.88	0.143	42.00	32.87	1.06	0.45
		D_3	10.27	0.182	32.88	29.33	0.94	0.373	13.36	0.151	39.78	34.14	1.01	0.41
	MH	D_1	13.55	0.158	37.88	28.29	1.07	0.468	15.56	0.134	44.71	31.16	1.04	0.47
		D_2	12.37	0.165	36.32	28.80	1.02	0.433	14.31	0.136	44.19	32.41	0.97	0.43
		D_3	10.27	0.182	32.88	29.33	0.94	0.373	12.38	0.152	39.49	33.51	0.94	0.38
	HL	D_1	14.87	0.156	38.34	29.31	1.16	0.502	15.54	0.144	41.72	31.36	1.12	0.49
		D_2	13.43	0.174	34.50	29.44	1.17	0.476	14.65	0.146	41.21	32.88	1.07	0.45
		D_3	11.76	0.184	32.70	29.94	1.08	0.424	13.06	0.150	40.06	34.71	0.98	0.40
相关系数 r			0.72**	-0.37	0.38	0.26	0.60**	0.55*	0.92**	-0.56**	0.55**	-0.46*	0.47*	0.83**

注：* 表示在 0.05 水平上相关显著；* * 表示在 0.01 水平上相关显著。

表 5-8 不同种植密度下双季玉米体系两季不同类别品种灌浆过程三个阶段的灌浆参数（长江中游地区）

年份	搭配模式	种植密度	第一季									第二季								
			灌浆渐增期			灌浆快增期			灌浆缓增期			灌浆渐增期			灌浆快增期			灌浆缓增期		
			T_1	w_1	v_1	T_2	w_2	v_2	T_3	w_3	v_3	T_1	w_1	v_1	T_2	w_2	v_2	T_3	w_3	v_3
2016	LH	D_1	17.47	5.09	0.29	15.37	14.83	0.97	19.12	5.15	0.27	23.42	6.37	0.27	20.85	18.58	0.89	25.94	6.46	0.25
		D_2	17.91	4.68	0.26	14.66	13.44	0.92	18.25	4.67	0.26	24.52	6.07	0.25	20.14	17.44	0.87	25.06	6.06	0.24
		D_3	18.49	4.12	0.22	13.99	11.70	0.84	17.41	4.07	0.23	25.96	5.51	0.21	18.67	15.54	0.83	23.24	5.40	0.23
	MM	D_1	21.41	5.54	0.26	17.71	15.94	0.90	22.04	5.54	0.25	22.94	6.52	0.28	21.65	19.28	0.89	26.94	6.70	0.25
		D_2	22.47	5.08	0.23	16.61	14.37	0.87	20.67	4.99	0.24	24.19	6.07	0.25	21.11	17.64	0.84	26.27	6.13	0.23
		D_3	23.91	4.50	0.19	15.76	12.57	0.80	19.61	4.37	0.22	26.97	5.53	0.21	19.76	15.63	0.79	24.59	5.43	0.22
	MH	D_1	21.41	5.54	0.26	17.71	15.94	0.90	22.04	5.54	0.25	22.77	6.33	0.28	20.75	18.57	0.89	25.82	6.45	0.25
		D_2	22.47	5.08	0.23	16.61	14.37	0.87	20.67	4.99	0.24	24.34	6.03	0.25	20.37	17.40	0.85	25.35	6.05	0.24
		D_3	23.91	4.50	0.19	15.76	12.57	0.80	19.61	4.37	0.22	26.19	5.51	0.21	18.86	15.53	0.82	23.47	5.40	0.23
	HM	D_1	20.54	5.75	0.28	16.71	16.50	0.99	20.79	5.74	0.28	23.03	6.56	0.28	23.42	19.76	0.84	29.15	6.87	0.24
		D_2	21.97	5.37	0.24	15.88	15.15	0.95	19.76	5.27	0.27	25.02	6.41	0.26	22.74	18.80	0.83	28.31	6.53	0.23
		D_3	23.31	4.65	0.20	15.06	12.97	0.86	18.75	4.50	0.24	26.73	5.72	0.21	19.31	16.14	0.84	24.03	5.61	0.23

续表

年份	搭配模式	种植密度	第一季									第二季								
			灌浆渐增期			灌浆快增期			灌浆缓增期			灌浆渐增期			灌浆快增期			灌浆缓增期		
			T_1	w_1	v_1	T_2	w_2	v_2	T_3	w_3	v_3	T_1	w_1	v_1	T_2	w_2	v_2	T_3	w_3	v_3
2017	LH	D_1	17.70	5.34	0.30	15.14	15.47	1.02	18.84	5.38	0.29	22.50	6.09	0.27	18.03	17.42	0.97	22.44	6.05	0.27
		D_2	19.12	4.97	0.26	13.45	13.99	1.04	16.73	4.86	0.29	24.27	5.82	0.24	17.55	16.42	0.94	21.84	5.71	0.26
		D_3	20.34	4.31	0.21	12.17	11.94	0.98	15.14	4.15	0.27	26.19	5.30	0.20	17.03	14.79	0.87	21.20	5.14	0.24
	MM	D_1	19.97	5.43	0.27	16.63	15.66	0.94	20.70	5.44	0.26	22.42	6.39	0.28	18.79	18.42	0.98	23.39	6.40	0.27
		D_2	20.83	5.02	0.24	15.94	14.29	0.90	19.84	4.96	0.25	23.65	6.03	0.25	18.44	17.19	0.93	22.95	5.97	0.26
		D_3	22.11	4.25	0.19	14.43	11.86	0.82	17.96	4.12	0.23	25.18	5.45	0.22	17.09	15.27	0.89	21.26	5.31	0.25
	MH	D_1	19.97	5.43	0.27	16.63	15.66	0.94	20.70	5.44	0.26	21.34	6.12	0.29	19.63	17.97	0.92	24.43	6.25	0.26
		D_2	20.83	5.02	0.24	15.94	14.29	0.90	19.84	4.96	0.25	22.56	5.72	0.25	18.71	16.47	0.88	23.29	5.72	0.25
		D_3	22.11	4.25	0.19	14.43	11.86	0.82	17.96	4.12	0.23	24.84	5.09	0.20	17.34	14.30	0.82	21.58	4.97	0.23
	HM	D_1	20.89	6.00	0.29	16.83	17.18	1.02	20.95	5.97	0.29	22.20	6.24	0.28	18.32	17.95	0.98	22.79	6.24	0.27
		D_2	21.87	5.53	0.25	15.14	15.51	1.02	18.85	5.39	0.29	23.72	5.95	0.25	17.49	16.84	0.96	21.77	5.85	0.27
		D_3	22.77	4.89	0.21	14.35	13.59	0.95	17.86	4.72	0.26	26.05	5.41	0.21	16.44	15.04	0.92	20.46	5.23	0.26

第二季,在灌浆渐增期,在不同的种植密度和搭配模式下,随着种植密度的增大,2 类品种的 T_1 逐渐增大,而 w_1 和 v_1 逐渐减小。在灌浆快增期,2 类品种的 T_2、w_2 和 v_2 随种植密度的增大而逐渐减小。在灌浆缓增期,2 类品种的 T_3、w_3 和 v_3 也随种植密度的增大而逐渐减小。在 4 种搭配模式下,M 类别品种的 T_1 均大于 H 类别品种,而 M 类别品种的 T_2 和 T_3 均大于 H 类别品种,且 T_1 和 T_3 最大,表现为 $T_1 > T_3 > T_2$;M 类别品种的 w_1、w_2、w_3 和 G_{mean} 大于 H 类别品种,灌浆期粒重增量和平均灌浆速率表现为灌浆快增期 > 灌浆渐增期 > 灌浆缓增期。

(五)灌浆参数与灌浆期有效积温、平均气温的相关性分析

如表 5 -9 所示,我们对黄淮海平原双季玉米体系两季品种灌浆参数与灌浆期有效积温、平均气温的相关性进行分析。由表 5 -9 可知,灌浆期的温度对玉米籽粒灌浆有显著的影响。第一季,灌浆活跃期(P)和有效灌浆时间(t_3)与渐增期有效积温(x_1)、快增期有效积温(x_2)、缓增期有效积温(x_3)、灌浆期有效积温(x_4)、渐增期平均气温(x_5)、灌浆期平均气温(x_8)极显著正相关($p < 0.01$),与快增期平均气温(x_6)显著正相关($p < 0.05$),与缓增期平均气温(x_7)无相关关系;最大灌浆速率(G_{max})和平均灌浆速率(G_{mean})与 x_1、x_2、x_3、x_4、x_5、x_8 极显著负相关($p < 0.01$),与 x_6 显著负相关($p < 0.05$);渐增期持续时间(T_1)、快增期持续时间(T_2)和缓增期持续时间(T_3)与 x_1、x_2、x_3、x_4、x_5、x_8 极显著正相关($p < 0.01$),与 x_6 显著正相关($p < 0.05$),与 x_7 无相关关系;渐增期平均灌浆速率(v_1)与 x_1、x_5 极显著负相关($p < 0.01$),与 x_4 显著负相关($p < 0.05$);快增期平均灌浆速率(v_2)和缓增期平均灌浆速率(v_3)与 x_1、x_2、x_3、x_4、x_5、x_8 极显著负相关($p < 0.01$)。

第二季,P 与 x_1、x_3、x_7 显著负相关($p < 0.05$);t_3 与 x_7、x_8 显著负相关($p < 0.05$);G_{max} 和 G_{mean} 与 x_1、x_3、x_4、x_5、x_6、x_7、x_8 极显著正相关($p < 0.01$),与 x_2 显著正相关($p < 0.05$);T_1 与 x_2 显著负相关($p < 0.05$);T_2 和 T_3 与 x_7 极显著负相关($p < 0.01$),与 x_1、x_3 显著负相关($p < 0.05$);v_1 与 x_2、x_6 极显著正相关($p < 0.01$),与 x_4、x_5、x_8 显著正相关($p < 0.05$);v_2 和 v_3 与 x_1、x_3、x_4、x_5、x_6、x_7、x_8 极显著正相关($p < 0.01$),与 x_2 显著正相关($p < 0.05$)。

表 5－9　黄淮海平原双季玉米体系两季品种灌浆参数与灌浆期有效积温、平均气温的相关性分析

灌浆参数	第一季								第二季							
	x_1	x_2	x_3	x_4	x_5	x_6	x_7	x_8	x_1	x_2	x_3	x_4	x_5	x_6	x_7	x_8
P	0.84**	0.96**	0.95**	0.98**	0.71**	0.53*	-0.02	0.77**	-0.48*	-0.12	-0.53*	-0.4	-0.22	-0.18	-0.64*	-0.43
t_3	0.93**	0.95**	0.91**	0.99**	0.77**	0.55*	-0.11	0.77**	-0.39	-0.13	-0.42	-0.41	-0.29	-0.39	-0.58*	-0.50*
G_{max}	-0.86**	-0.74**	-0.70**	-0.83**	-0.68**	-0.47*	0.03	-0.71**	0.63**	0.58*	0.75**	0.80**	0.75**	0.70**	0.82**	0.89**
G_{mean}	-0.86**	-0.74**	-0.71**	-0.83**	-0.69**	-0.46*	0.03	-0.71**	0.63**	0.57*	0.75**	0.79**	0.75**	0.69**	0.81**	0.88**
T_1	0.98**	0.83**	0.69**	0.90**	0.81**	0.52*	-0.29	0.69**	0.38	-0.47*	0.38	0.15	-0.02	-0.23	0.35	0.06
T_2	0.84**	0.96**	0.95**	0.98**	0.71**	0.54*	-0.03	0.77**	-0.48*	0.13	-0.53*	-0.39	-0.22	-0.18	-0.64**	-0.43
T_3	0.84**	0.96**	0.94**	0.98**	0.71**	0.53*	-0.03	0.77**	-0.47*	0.14	-0.51*	-0.34	-0.21	-0.33	-0.63**	-0.43
v_1	-0.74**	-0.36	-0.21	-0.47*	-0.63**	-0.25	0.36	-0.35	0.21	0.75**	0.28	0.48*	0.56*	0.67**	0.32	0.59*
v_2	-0.86**	-0.74**	-0.71**	-0.83**	-0.68**	-0.46	0.04	-0.71**	0.63**	0.57*	0.76**	0.80**	0.75**	0.69**	0.83**	0.89**
v_3	-0.84**	-0.72**	-0.70**	-0.81**	-0.66**	-0.45	0.01	-0.71**	0.62**	0.56*	0.75**	0.79**	0.73**	0.69**	0.82**	0.88**

注：* 表示在 0.05 水平上差异显著；* * 表示在 0.01 水平上差异显著。

如表5－10所示，我们对长江中游地区双季玉米体系两季品种灌浆参数与灌浆期有效积温和平均气温的相关性进行分析。由表5－10可知，灌浆期的温度对玉米籽粒灌浆有显著的影响。第一季，P 与 x_2、x_3、x_4 极显著正相关（$p<0.01$），与 x_7 和 x_8 显著正相关（$p<0.05$）；t_3 与 x_2、x_3、x_4、x_7、x_8 极显著正相关（$p<0.01$），与 x_1 显著正相关（$p<0.05$）；T_1 与 x_1、x_4、x_7、x_8 极显著正相关（$p<0.01$），与 x_3、x_5 显著正相关（$p<0.05$）；T_2 和 T_3 与 x_2、x_3、x_4 极显著正相关（$p<0.01$），与 x_7 和 x_8 显著正相关（$p<0.05$）。

第二季，P 与 x_2 极显著正相关（$p<0.01$），与 x_4 显著正相关（$p<0.05$）；t_3 与 x_2、x_4、x_5 极显著正相关（$p<0.01$），与 x_1 显著正相关（$p<0.05$）；G_{max} 与 x_1 极显著负相关（$p<0.01$），与 x_4 和 x_5 显著负相关（$p<0.05$）；G_{mean} 与 x_1 极显著负相关（$p<0.01$）；T_1 与 x_1 极显著正相关（$p<0.01$）；T_2 和 T_3 与 x_2 极显著正相关（$p<0.01$），与 x_4、x_5 显著正相关（$p<0.05$）；v_1 与 x_1 极显著负相关（$p<0.01$），与 x_2 极显著正相关（$p<0.01$）；v_2 和 v_3 与 x_1 极显著负相关（$p<0.01$），与 x_4 和 x_5 显著负相关（$p<0.05$）。

表 5-10　长江中游地区双季玉米体系两季品种灌浆参数与灌浆有效积温和平均气温的相关性分析

灌浆参数	第一季								第二季							
	x_1	x_2	x_3	x_4	x_5	x_6	x_7	x_8	x_1	x_2	x_3	x_4	x_5	x_6	x_7	x_8
P	0.20	0.92**	0.86**	0.78**	0.10	0.37	0.57*	0.49*	0.14	0.69**	0.31	0.51*	0.48*	-0.03	-0.29	0.01
t_3	0.57*	0.83**	0.95**	0.95**	0.32	0.46	0.81**	0.75**	0.46*	0.56**	0.26	0.59**	0.56**	-0.14	0.31	-0.03
G_{max}	-0.13	-0.28	-0.11	-0.18	-0.28	-0.32	-0.04	0.01	-0.72**	-0.13	-0.08	-0.47*	-0.44*	0.18	0.21	0.04
G_{mean}	-0.35	-0.03	0.02	-0.14	0.08	-0.26	-0.11	-0.10	-0.75**	0.30	0.09	-0.23	-0.20	0.17	0.01	0.02
T_1	0.88**	0.24	0.58*	0.73**	0.51*	0.36	0.77**	0.77**	0.81**	-0.39	-0.15	0.19	0.18	-0.25	-0.03	-0.09
T_2	0.19	0.92**	0.86**	0.78**	0.10	0.37	0.57*	0.49*	0.14	0.70**	0.31	0.50*	0.48*	-0.04	-0.30	0.09
T_3	0.20	0.91**	0.86**	0.77**	0.11	0.36	0.57*	0.49*	0.14	0.68**	0.30	0.50*	0.49*	-0.04	-0.29	0.01
v_1	-0.47*	0.23	0.10	-0.07	-0.08	-0.17	-0.14	-0.16	-0.62**	0.55**	0.23	0.01	0.02	0.17	-0.07	0.06
v_2	-0.13	-0.27	-0.10	-0.17	0.27	-0.32	-0.04	0.03	-0.75**	-0.12	-0.10	-0.49*	-0.46*	0.16	0.18	0.01
v_3	-0.11	-0.24	-0.05	-0.13	0.29	-0.28	0.02	0.06	-0.77**	-0.13	-0.11	-0.50*	-0.48*	0.13	0.15	-0.02

注：* 表示在 0.05 水平上差异显著；* * 表示在 0.01 水平上差异显著。

四、种植密度对不同类别品种干物质积累与转运的影响

(一)两季玉米干物质积累量对种植密度的响应

在黄淮海平原双季玉米体系中,由图5-19(a)可知,3类品种在第一季吐丝前、吐丝后的干物质积累量随种植密度的增大而增加,且在不同种植密度间差异显著。在D_3下,2016年和2017年,L类别品种吐丝前的干物质积累量分别为10.59 Mg·ha^{-1}和10.78 Mg·ha^{-1},其平均值较D_2、D_1下分别增加21.44%、41.97%;M类别品种吐丝前的干物质积累量分别为12.68 Mg·ha^{-1}和12.54 Mg·ha^{-1},其平均值较D_2、D_1下分别增加23.63%、43.82%;H类别品种吐丝前的干物质积累量分别为16.39 Mg·ha^{-1}和17.54 Mg·ha^{-1},其平均值较D_2、D_1下分别增加30.99%、44.76%;L类别品种吐丝后的干物质积累量分别为16.68 Mg·ha^{-1}和15.86 Mg·ha^{-1},其平均值较D_2、D_1下分别增加21.56%、44.70%;M类别品种吐丝后的干物质积累量分别为18.85 Mg·ha^{-1}和16.47 Mg·ha^{-1},其平均值较D_2、D_1下分别增加21.35%、35.35%;H类别品种吐丝后的干物质积累量分别为20.64 Mg·ha^{-1}、23.58 Mg·ha^{-1},其平均值较D_2、D_1下分别增加15.03%、41.94%。

由图5-19(b)可知,2016年和2017年,H类别品种第二季吐丝前、吐丝后的干物质积累量随种植密度的增大而减少,在D_1下的吐丝前干物质积累量分别为10.76 Mg·ha^{-1}和9.61 Mg·ha^{-1},其平均值较D_2、D_3下分别增加24.43%、42.89%,在D_1下的吐丝后干物质积累量分别为6.38 Mg·ha^{-1}和9.30 Mg·ha^{-1},其平均值较D_2、D_3下分别增加4.15%、17.57%;M类别品种第二季吐丝前、吐丝后的干物质积累量随种植密度的增大而增加,在D_3下的吐丝前干物质积累量分别为9.51 Mg·ha^{-1}和9.04 Mg·ha^{-1},其平均值较D_2、D_1下分别增加21.94%、41.03%,吐丝后干物质积累量分别为4.58 Mg·ha^{-1}和8.09 Mg·ha^{-1},其平均值较D_2、D_1下分别增加7.82%、20.27%;L类别品种第二季吐丝前、吐丝后的干物质积累量随种植密度的增大先增加后减少,在D_2下的吐丝前干物质积累量分别为5.91 Mg·ha^{-1}和5.20 Mg·ha^{-1},其平均值较

D_1、D_3 下分别增加 35.66%、19.83%，吐丝后干物质积累量分别为 3.24 Mg·ha^{-1}和 5.51 Mg·ha^{-1}，其平均值较 D_1、D_3 下分别增加 28.96%、13.92%。

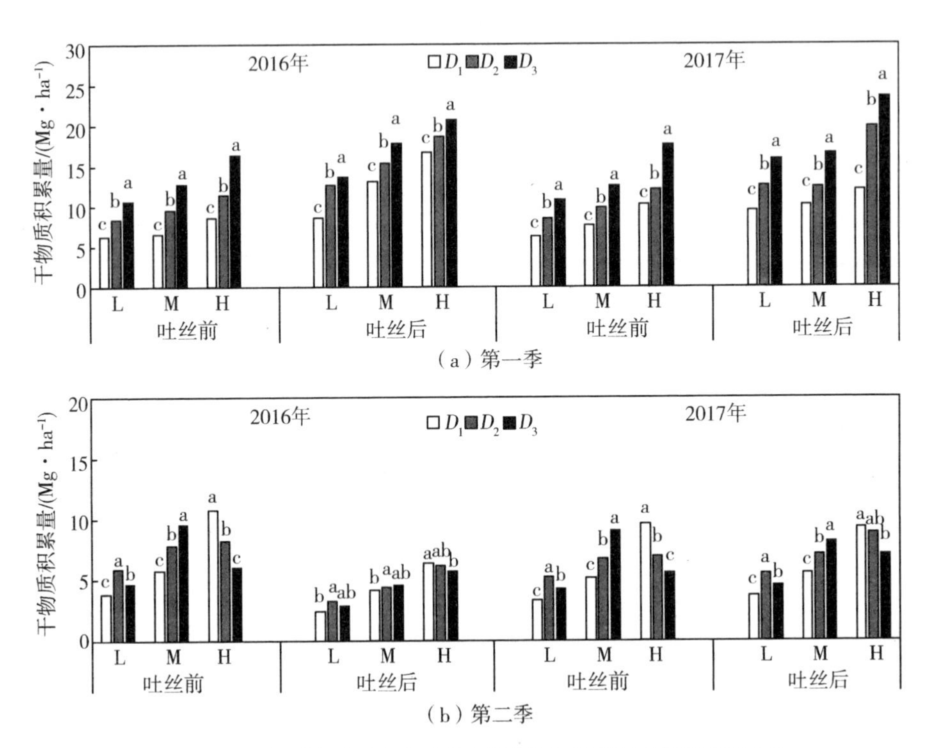

图 5-19　不同种植密度下两季玉米干物质积累量(黄淮海平原)

由图 5-20(a)可知，在长江中游地区双季玉米体系中，3 类品种在第一季吐丝前、吐丝后的干物质积累量随种植密度的增大而增加，且在不同种植密度间差异显著。2016 年和 2017 年，在 D_3 下，L 类别品种吐丝前的干物质积累量分别为 4.95 Mg·ha^{-1}和 6.18 Mg·ha^{-1}，其平均值较 D_2、D_1 下分别增加 20.39%、38.22%；M 类别品种吐丝前的干物质积累量分别为 7.55 Mg·ha^{-1}和 9.27 Mg·ha^{-1}，其平均值较 D_2、D_1 下分别增加 17.46%、40.79%；H 类别品种吐丝前的干物质积累量分别为 11.01 Mg·ha^{-1}和 11.15 Mg·ha^{-1}，其平均值较 D_2、D_1 下分别增加 23.30%、40.87%；L 类别品种吐丝后的干物质积累量分别为 7.77 Mg·ha^{-1}和 9.27 Mg·ha^{-1}，其平均值较 D_2、D_1 下分别增加 7.05%、16.33%；M 类别品种吐丝后的干物质积累量分别为 9.81 Mg·ha^{-1}和

10.88 $Mg\cdot ha^{-1}$,其平均值较 D_2、D_1 下分别增加 6.81%、22.39%;H 类别品种吐丝后的干物质积累量分别为 10.11 $Mg\cdot ha^{-1}$和 11.87 $Mg\cdot ha^{-1}$,其平均值较 D_2、D_1下分别增加 4.46%、25.55%。

由图 5-20(b)可知,2016 年和 2017 年,H(LH)类别品种第二季吐丝前、吐丝后的干物质积累量随种植密度的增大而增加,在 D_3下,吐丝前干物质积累量分别为7.66 $Mg\cdot ha^{-1}$ 和 8.00 $Mg\cdot ha^{-1}$,其平均值较 D_2、D_1 下分别增加 17.03%、36.57%,吐丝后干物质积累量分别为 9.16 $Mg\cdot ha^{-1}$ 和 9.42 $Mg\cdot ha^{-1}$,其平均值较 D_2、D_1下分别增加 6.47%、18.60%;M(MM)类别品种第二季吐丝前、吐丝后的干物质积累量随种植密度的增大而增加,在 D_3下,吐丝前干物质积累量分别为 8.13 $Mg\cdot ha^{-1}$和8.59 $Mg\cdot ha^{-1}$,较 D_2、D_1下分别增加 21.00%、36.48%,吐丝后干物质积累量分别为 9.68 $Mg\cdot ha^{-1}$ 和 11.52 $Mg\cdot ha^{-1}$,其平均值较 D_2、D_1下分别增加 7.34%、19.71%;H(MH)类别品种第二季吐丝前、吐丝后的干物质积累量随种植密度的增大而增加,在 D_3下,吐丝前干物质积累量分别为 7.86 $Mg\cdot ha^{-1}$和 9.38 $Mg\cdot ha^{-1}$,其平均值较 D_2、D_1下分别增加 25.05%、36.93%,吐丝后干物质积累量分别为 7.53 $Mg\cdot ha^{-1}$和 8.53 $Mg\cdot ha^{-1}$,其平均值较 D_2、D_1下分别增加 7.84%、13.18%;M(HM)类别品种第二季吐丝前、吐丝后的干物质积累量随种植密度的增大而减少,在 D_1下,吐丝前干物质积累量分别为 8.35 $Mg\cdot ha^{-1}$和 8.18 $Mg\cdot ha^{-1}$,其平均值较 D_2、D_3下分别增加 15.09%、42.36%,吐丝后干物质积累量分别为 8.89 $Mg\cdot ha^{-1}$和 10.25 $Mg\cdot ha^{-1}$,其平均值较 D_2、D_3下分别增加 13.17%、18.80%。

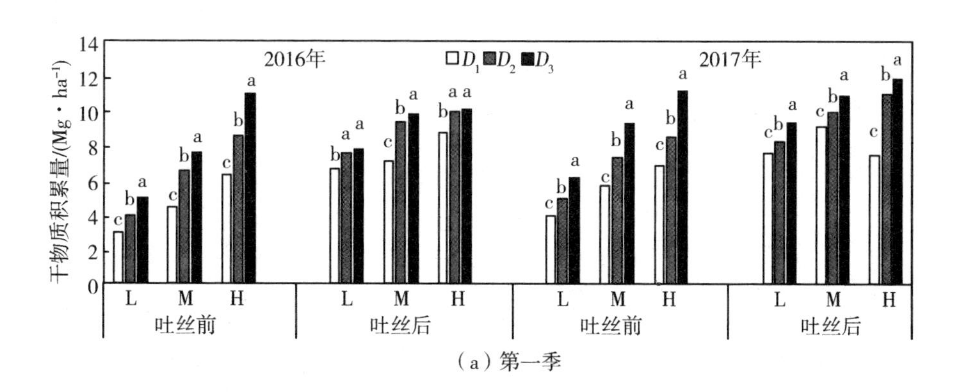

(a) 第一季

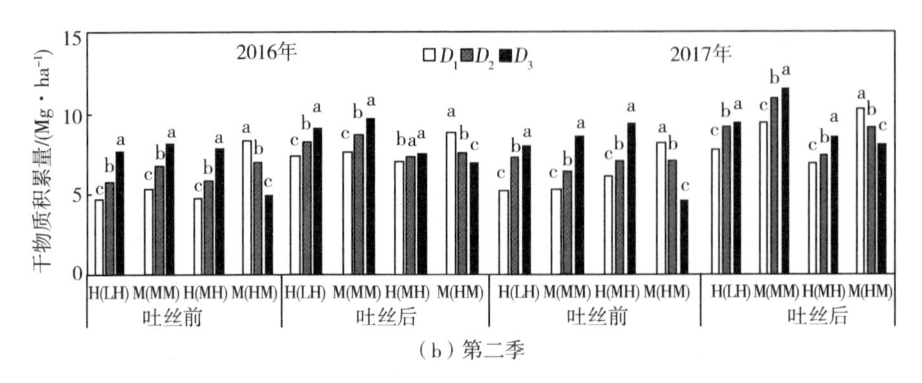

(b) 第二季

图 5-20　不同种植密度下两季玉米干物质积累量(长江中游地区)

(二)两季玉米干物质转运量对种植密度的响应

由图 5-21 可知,在黄淮海平原双季玉米体系中,第一季,3 类品种茎、叶的干物质转运量随种植密度的增大而增加,且在不同种植密度间差异显著。茎的干物质转运量受种植密度影响较大,2016 年和 2017 年,L 类别品种在 D_3下的茎的平均转运量较 D_2、D_1下分别增加 24.18%、48.08%;M 类别品种在 D_3下的茎的平均转运量较 D_2、D_1下分别增加 33.74%、60.63%;H 类别品种在 D_3下的茎的平均转运量较 D_2、D_1下分别增加 37.32%、54.80%。第二季,3 类品种茎、叶的干物质转运量随种植密度变化的差异显著。茎的干物质转运量受种植密度影响较大,2016 年和 2017 年,L 类别品种在 D_2下的茎的平均转运量最大,较 D_1、D_3下分别增加 51.41%、28.07%;M 类别品种茎的平均转运量随种植密度的增大而增加,在 D_3下较 D_2、D_1下分别增加 23.93%、46.73%;H 类别品种茎的平均转运量随种植密度的增大而减少,在 D_1下较 D_2、D_3下分别增加 25.70%、45.11%。

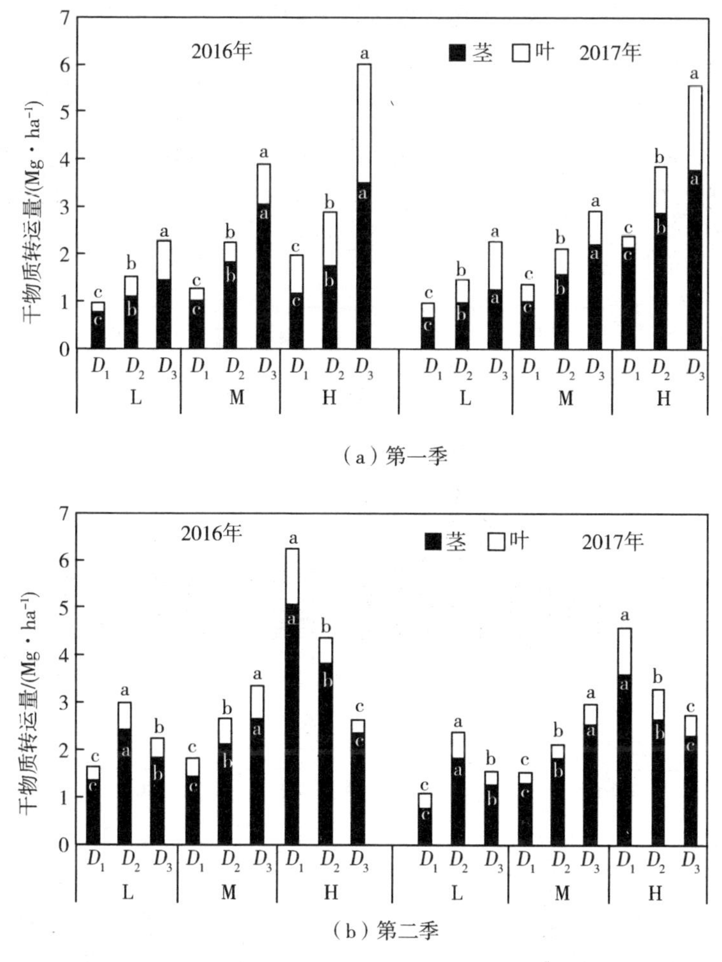

(a) 第一季

(b) 第二季

图 5-21 不同种植密度下两季玉米干物质转运量(黄淮海平原)

由图 5-22 可知,在长江中游地区双季玉米体系中,第一季,3 类品种的茎、叶的干物质转运量随种植密度的增大而增加,且在不同种植密度间差异显著。茎的干物质转运量受种植密度影响较大,2016 年和 2017 年,L 类别品种在 D_3 下的茎的平均转运量较 D_2、D_1 分别增加 28.02%、53.94%;M 类别品种在 D_3 下的茎的平均转运量较 D_2、D_1 下分别增加 21.18%、68.35%;H 类别品种在 D_3 下的茎的平均转运量较 D_2、D_1 下分别增加 42.89%、61.91%。第二季,2 类品种在不同搭配模式下的茎、叶的干物质转运量随种植密度变化的差异显著,其中茎的干物质转运量受种植密度影响较大。2016 年和 2017 年,H(LH)类别品种在 D_3 下的茎的平均转运量最大,较 D_2、D_1 下分别增加 17.02%、49.22%;M(MM)类别品种茎的干物质转运量随种植密度的增大而增加，在 D_3 的下茎的平均转运量较 D_2、D_1 下分别增加 36.82%、58.55%；H(MH)类别品种茎的干物质转运量随种植密度的增大而增加，在 D_3 下的茎的平均转运量较 D_2、D_1 下分别增加 42.84%、57.22%；M(HM)类别品种茎的干物质转运量随种植密度的增大而减少，在 D_1 下的茎的平均转运量较 D_2、D_3 下分别增加 16.79%、45.65%。

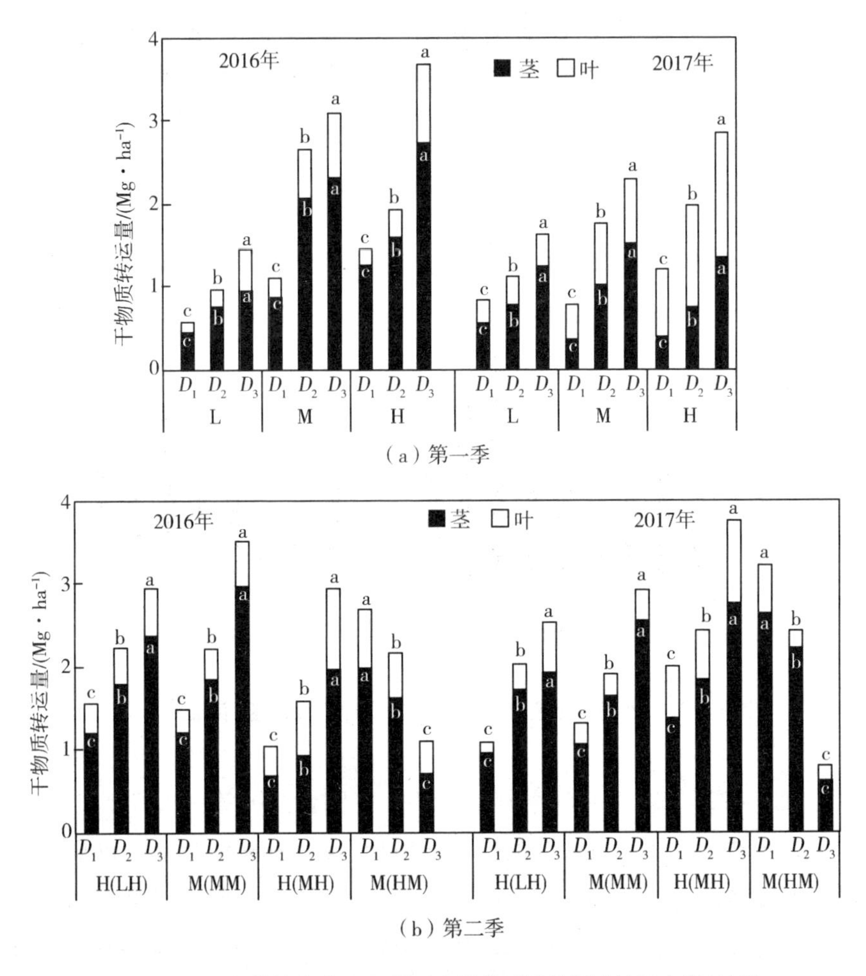

图 5－22　不同种植密度下两季玉米干物质转运量（长江中游地区）

（三）两季玉米干物质转运率和籽粒贡献率对种植密度的响应

由表 5－11 可知，在黄淮海平原双季玉米体系中，第一季，不同类别品种的茎、叶的干物质转运率和茎、叶对籽粒的贡献率(籽粒贡献率)随种植密度的增大而增大。2016 年和 2017 年,L 类别品种茎、叶的干物质转运率在 D_3下均最大,茎的平均转运率较 D_2、D_1下分别增大 6.06%、14.54%,叶的平均转运率较 D_2、D_1下分别增大 33.76%、44.72%;M 类别品种茎、叶的干物质转运率在 D_3下均最大,茎的平均转运率较 D_2、D_1下分别增大 14.82%、29.73%,叶的平均转运率较 D_2、D_1下分别增大 20.17%、27.40%;H 类别品种茎、叶的干物质转运率在 D_3下均最大,较 D_2、D_1下分别增大 23.07%、35.55%,叶的平均转运率较 D_2、D_1下分别增大 22.71%、44.29%;L 类别品种茎、叶对籽粒的贡献率在 D_3下均最大,茎对籽粒的贡献率较 D_2、D_1下分别增大 20.33%、43.82%,叶对籽粒的贡献率较 D_2、D_1下分别增大 36.49%、52.67%;M 类别品种茎、叶对籽粒的贡献率在 D_3下均最大,茎对籽粒的贡献率较 D_2、D_1下分别增大 1.37%、27.20%,叶对籽粒的贡献率较 D_2、D_1下分别增大 14.28%、27.38%;H 类别品种茎、叶对籽粒的贡献率在 D_3下均最大,茎对籽粒的贡献率较 D_2、D_1下分别增大 16.57%、32.45%,叶对籽粒的贡献率较 D_2、D_1下分别增大 8.98%、54.38%。

第二季,L 类别品种茎、叶的干物质转运率在 D_2下均最大,2016 年和 2017 年,茎的平均转运率较 D_1、D_3下分别增大 26.05%、11.98%,叶的平均转运率较 D_1、D_3下分别增大 11.14%、11.14%;M 类别品种茎、叶的干物质转运率在 D_3下均最大,茎的平均转运率较 D_2、D_1下分别增大 2.22%、13.61%,叶的平均转运率较 D_2、D_1下分别增大 5.85%、18.82%;H 类别品种茎、叶的干物质转运率在 D_1下均最大,茎的平均转运率较 D_2、D_1下分别增大 1.73%、15.59%,叶的平均转运率较 D_2、D_1下分别增大 22.16%、33.68%;L 类别品种茎、叶对籽粒的贡献率在 D_2下均最大,茎对籽粒的平均贡献率较 D_1、D_3下分别增大 24.97%、7.68%,叶对籽粒的平均贡献率较 D_1、D_3下分别增大 15.20%、12.85%;M 类别品种茎、叶对籽粒的贡献率在 D_3下均最大,茎对籽粒的平均贡献率较 D_2、D_1下分别增大 15.48%、22.66%,叶对籽粒的平均贡献率较 D_2、D_1下分别增大 16.88%、38.97%;H 类别品种茎、叶对籽粒的平均贡献率在 D_1下均最大,茎对籽粒的平均贡献率较 D_2、D_3下分别增大 14.40%、20.43%,叶对籽粒的平均贡献率较 D_2、D_3下分别增大 36.76%、40.77%。

表 5－11　不同种植密度下两季玉米茎、叶干物质转运率和籽粒贡献率（黄淮海平原）

年份	搭配模式	种植密度	第一季						第二季					
			干物质转运率/%			籽粒贡献率/%			干物质转运率/%			籽粒贡献率/%		
			茎	叶	总	茎	叶	总	茎	叶	总	茎	叶	总
2016	LH	D_1	16.34	13.26	15.09	7.27	2.66	9.93	65.12	34.06	57.45	48.96	12.13	61.09
		D_2	17.92	18.02	18.05	8.16	4.03	12.19	63.72	20.77	52.41	44.47	6.48	50.95
		D_3	19.30	26.02	21.29	9.54	5.77	15.31	51.27	17.68	43.54	40.25	5.50	45.76
	MM	D_1	23.36	11.90	19.49	11.50	3.19	14.69	34.89	22.59	31.46	31.32	8.44	39.76
		D_2	27.39	13.80	23.50	17.74	3.95	21.69	37.99	23.83	33.85	37.8	10.21	48.01
		D_3	34.37	22.18	30.69	17.76	5.12	22.88	38.98	24.96	34.95	43.44	11.68	55.12
	HL	D_1	19.35	30.14	22.62	14.19	9.58	23.77	45.70	29.44	41.77	47.20	10.19	57.39
		D_2	21.90	32.80	25.32	18.24	12.35	30.59	56.66	32.96	49.82	59.61	13.83	73.44
		D_3	33.04	43.23	36.65	20.43	14.67	35.10	52.99	31.75	47.28	51.76	11.95	63.71

续表

年份	搭配模式	种植密度	第一季						第二季					
			干物质转运率/%			籽粒贡献率/%			干物质转运率/%			籽粒贡献率/%		
			茎	叶	总	茎	叶	总	茎	叶	总	茎	叶	总
2017	LH	D_1	14.08	18.24	15.21	3.23	3.55	6.78	51.87	35.45	47.29	32.77	8.90	41.67
		D_2	15.51	19.34	16.80	6.58	4.19	10.77	51.20	33.58	46.42	26.35	6.50	32.85
		D_3	16.32	30.59	20.55	8.91	7.32	16.23	46.73	28.62	41.67	25.21	6.51	31.72
	MM	D_1	18.00	17.62	18.01	11.68	3.97	15.65	32.96	18.05	29.39	23.99	4.19	28.18
		D_2	22.49	18.76	21.51	14.07	4.52	18.59	38.85	23.31	34.65	23.83	6.63	30.46
		D_3	24.80	19.26	23.20	14.45	4.79	19.24	39.6	25.11	33.94	29.05	8.42	37.47
	HL	D_1	22.85	12.04	23.42	19.06	2.70	21.76	31.25	31.29	31.48	20.61	8.29	28.90
		D_2	28.44	22.72	27.94	22.53	10.17	32.70	46.46	37.85	45.26	29.08	8.64	37.72
		D_3	32.47	28.87	38.32	29.05	10.4	39.45	38.34	30.81	37.06	28.44	7.60	36.04

由表 5-12 可知，在长江中游地区双季玉米体系中，第一季，不同类别品种的茎、叶干物质转运率和茎、叶对籽粒的贡献率随种植密度的增大而增大。2016 年和 2017 年，L 类别品种茎、叶的干物质转运率在 D_3 下均最大，茎的平均干物质转运率较 D_2、D_1 下分别增大 9.83%、21.97%，叶的平均干物质转运率较 D_1、D_2 下分别增大 24.77%、31.68%；M 类别品种茎、叶的干物质转运率在 D_3 下均最大，茎的平均干物质转运率较 D_2、D_1 下分别增大 4.78%、43.93%，叶的平均干物质转运率较 D_2、D_1 下分别增大 13.49%、39.48%；H 类别品种茎、叶的干物质转运率在 D_3 下均最大，茎的平均干物质转运率较 D_2、D_1 下分别增大 19.33%、29.88%，叶的平均干物质转运率较 D_2、D_1 下分别增大 29.33%、45.10%；L 类别品种茎、叶对籽粒的贡献率在 D_3 下均最大，茎对籽粒的平均贡献率较 D_2、D_1 下分别增大 19.59%、42.85%，叶对籽粒的平均贡献率较 D_2、D_1 下分别增大 31.91%、40.31%；M 类别品种茎、叶对籽粒的贡献率在 D_3 下均最大，茎对籽粒的平均贡献率较 D_2、D_1 下分别增大 14.82%、49.78%，叶对籽粒的平均贡献率较 D_2、D_1 下分别增大 13.85%、37.83%；H 类别品种茎、叶对籽粒的贡献率在 D_3 下均最大，茎对籽粒的平均贡献率较 D_2、D_1 下分别增大 18.93%、40.23%，叶对籽粒的贡献率较 D_2、D_1 下分别增大 30.51%、43.07%。

第二季，2016 年和 2017 年，H(LH)类别品种茎、叶转运率在 D_3 下均最大，茎的平均干物质转运率较 D_2、D_1 下分别增大 4.09%、68.57%，叶的平均干物质转运率较 D_2、D_1 下分别增大 19.77%、42.91%；M(MM)类别品种茎、叶的干物质转运率在 D_3 下均最大，茎的平均干物质转运率较 D_2、D_1 下分别增大 16.36%、30.59%，叶的平均干物质转运率较 D_2、D_1 下分别增大 20.45%、29.07%；H(MH)类别品种茎、叶的干物质转运率在 D_3 下均最大，茎的平均干物质转运率较 D_2、D_1 下分别增大 21.84%、31.68%，叶的平均干物质转运率较 D_2、D_1 下分别增大 18.73%、46.02%；M(HM)类别品种茎、叶的干物质转运率在 D_1 下均最大，茎的平均干物质转运率较 D_2、D_3 下分别增大 4.84%、96.90%，叶的平均干物质转运率较 D_2、D_3 下分别增大 30.33%、36.14%；H(LH)类别品种茎、叶对籽粒的贡献率在 D_3 下均最大，茎对籽粒的平均贡献率较 D_2、D_1 下分别增大 17.01%、34.28%，叶对籽粒的平均贡献率较 D_2、D_1 下分别增大 36.61%、44.11%；M(MM)类别品种茎、叶对籽粒的贡献率在 D_3 下均最大，茎对籽粒的平均贡献率较 D_2、D_1 下分别增大 27.62%、43.02%，叶对籽粒的平均贡献率较 D_2、

D_1下分别增大20.01%、31.56%；H(MH)类别品种茎、叶对籽粒的贡献率在D_3下均最大，茎对籽粒的平均贡献率较D_2、D_1下分别增大34.26%、44.44%，叶对籽粒的平均贡献率较D_2、D_1下分别增大26.03%、47.20%；M(HM)类别品种茎、叶对籽粒的贡献率在D_1下均最大，茎对籽粒的平均贡献率较D_2、D_3下分别增大8.22%、44.30%，叶对籽粒的平均贡献率较D_2、D_3下分别增大8.67%、55.45%。

表 5-12　不同种植密度下两季玉米茎、叶干物质转运率和籽粒贡献率（长江中游地区）

年份	搭配模式	种植密度	第一季						第二季					
			干物质转运率/%			籽粒贡献率/%			干物质转运率/%			籽粒贡献率/%		
			茎	叶	总	茎	叶	总	茎	叶	总	茎	叶	总
2016	LH	D_1	20.97	18.06	20.25	7.70	2.36	10.06	36.49	24.01	33.10	17.54	4.65	22.19
		D_2	25.46	21.32	24.52	11.32	2.89	14.21	41.01	25.96	34.77	19.47	4.78	24.25
		D_3	26.43	37.61	29.46	13.39	7.05	20.44	42.83	28.01	38.66	27.47	6.75	34.22
	MM	D_1	29.79	16.56	25.52	13.85	3.58	17.43	32.56	17.96	28.21	16.04	3.17	19.87
		D_2	43.79	30.84	40.68	20.05	5.58	25.63	37.83	19.53	32.68	19.54	3.99	23.52
		D_3	44.22	36.78	41.28	20.64	7.25	27.89	50.63	23.92	42.95	26.83	5.39	32.22
	MH	D_1	29.79	16.56	25.52	13.85	3.58	17.43	21.16	23.14	22.04	10.25	5.30	15.55
		D_2	43.79	30.84	40.68	20.05	5.58	25.63	24.28	32.70	27.23	11.88	8.67	20.54
		D_3	44.22	36.78	41.28	20.64	7.25	27.89	36.40	39.00	37.40	23.65	11.46	35.11
	HM	D_1	27.49	11.86	23.33	15.76	2.57	18.34	34.42	26.94	32.37	20.36	7.37	27.73
		D_2	24.83	14.55	29.31	17.68	3.76	21.43	33.76	23.92	31.11	19.38	6.12	25.50
		D_3	34.38	31.08	33.48	24.40	8.51	32.92	21.36	23.92	22.16	9.64	5.24	14.88

续表

年份	搭配模式	种植密度	第一季						第二季					
			干物质转运率/%			籽粒贡献率/%			干物质转运率/%			籽粒贡献率/%		
			茎	叶	总	茎	叶	总	茎	叶	总	茎	叶	总
2017	LH	D_1	20.69	21.19	20.94	8.50	4.25	12.75	25.55	7.30	21.29	12.71	2.57	15.28
		D_2	22.65	22.42	22.77	11.42	4.71	16.13	31.60	17.38	28.23	17.89	3.35	21.24
		D_3	26.96	23.90	26.24	14.97	4.95	19.92	32.90	25.64	31.39	18.81	6.00	24.81
	MM	D_1	10.89	19.10	14.07	4.76	5.39	10.15	29.59	11.80	24.76	11.49	2.49	14.10
		D_2	22.22	22.40	22.24	10,46	6.84	18.18	36.74	13.69	29.73	15.27	2.74	17.70
		D_3	24.31	25.13	24.62	14.28	7.18	21.46	39.70	17.67	31.68	21.22	3.18	22.72
	MH	D_1	10.89	19.10	14.07	4.76	5.39	10.15	31.87	17.49	32.76	18.42	5.99	27.09
		D_2	22.22	22.40	22.24	10.46	6.84	18.18	36.38	28.30	34.48	22.08	7.29	29.37
		D_3	24.31	25.13	24.62	14.28	7.18	21.46	40.59	35.96	40.38	27.17	10.08	37.25
	HM	D_1	10.51	25.92	17.60	6.00	11.35	17.35	44.83	24.40	39.11	24.74	5.62	30.36
		D_2	15.53	34.19	23.10	9.79	12.86	22.66	41.35	12.34	34.20	21.65	2.13	23.78
		D_3	17.43	36.17	25.98	10.92	13.57	24.49	19.79	9.50	16.79	10.33	1.62	13.37

第三节　讨论

一、种植密度对不同搭配模式产量及产量构成因素的影响

在农业生产中,种植密度的变化对作物产量造成直接的影响。在合理的种植密度范围内,各玉米品种的产量会随种植密度的增大显著上升,但超过一定的范围时,产量的上升会受到限制。不同地区的生态条件存在差异,因而适宜的种植密度不同。不同品种的基因型存在差异,因而在不同种植密度下的产量表现也不同。本章研究黄淮海平原和长江中游地区双季玉米体系不同类别品种对种植密度的响应。研究表明,黄淮海平原双季玉米体系的产量对种植密度的响应在两季间存在显著差异。第一季,L、M、H 类别品种的产量随种植密度的增大而上升,且在 D_3 下达到最高。2016 年和 2017 年,在 D_3 下,L 类别品种的最高产量分别为 11.34 Mg · ha^{-1}、11.51Mg · ha^{-1},M 类别品种的最高产量分别为 12.35 Mg · ha^{-1}、12.20 Mg · ha^{-1},H 类别品种的最高产量分别为 12.28 Mg · ha^{-1}、12.52 Mg · ha^{-1},均显著高于其他密度。第二季,H 类别品种的产量随种植密度的增大而下降,在 D_1 下达到最高,两年的产量分别为 8.37 Mg · ha^{-1}、10.46 Mg · ha^{-1};M 类别品种的产量随种植密度的增大而上升,在 D_3 下达到最高,两年的产量分别为 6.26 Mg · ha^{-1}、9.02 Mg · ha^{-1};L 类别品种的产量与种植密度呈二次曲线关系,即随着种植密度的增大,产量先上升后下降,在 D_2 下达到最高,两年的产量分别为 3.49 Mg · ha^{-1}、6.68 Mg · ha^{-1}。

影响玉米产量的 3 个主要因素是穗数、穗粒数和粒重,只有协调好 3 个因素之间的关系,才能更好地挖掘品种的生产潜力,从而获得高产。研究表明,在一定范围内,玉米的穗粒数、行粒数和粒重随种植密度的增大而减小,而空杆率、倒伏率和秃尖长度随种植密度的增大呈增大趋势。玉米的产量与穗粒数显著正相关,而与粒重无相关关系。侯月和王鹏文的研究表明,在一定的种植密度范围内,穗数是影响产量的主要因素,粒重受生态条件的影响较大,且在不同类别品种间差异较大,因此应根据两季的生态条件选用适宜的品种类别。还有

研究发现,粒重和穗粒数的变化共同影响产量的提高。本章的研究结果表明,在黄淮海平原双季玉米体系中,在两季不同的生态条件下,不同类别品种的穗数随种植密度的增大而增大,而穗粒数和粒重与种植密度负相关。在相同的种植密度下,不同类别品种的产量、穗粒数和粒重均表现为H > M > L,因此穗粒数和粒重是影响两季不同类别品种产量的主要因素。在长江中游地区双季玉米体系中,不同类别品种第一季的产量表现为H > M > L;随着种植密度的增大,穗粒数和粒重呈减小趋势,而穗数呈增大趋势。第二季,在4种搭配模式下,2种类别的产量均表现为M > H,穗数随种植密度的增大而增大,粒重表现为M > H,穗粒数表现为H > M,可见第二季H类别品种和M类别品种产量存在差异的主要原因是粒重不同。种植密度的增大可有效地增加单位面积的穗数,所以应在不同的生长季选用适宜的品种进行合理密植,实现品种与种植密度的合理配置,以获得高产。

二、种植密度对不同搭配模式灌浆特性的影响

籽粒的灌浆是籽粒形成(玉米生长发育过程中重要的阶段)的重要过程,品种的基因型和生态环境条件共同影响籽粒的灌浆速率,其灌浆时间和灌浆速率在玉米生长发育后期与产量形成密切相关,其灌浆参数是影响粒重和产量形成的主要因素。玉米产量的高低与灌浆完成情况和库容大小密切相关。本章运用Logistic方程拟合得出籽粒灌浆参数,结合不同类别品种灌浆参数随种植密度变化的规律得出,不同类别品种间的粒重差异主要是由灌浆持续时间决定的,而同一品种的粒重差异主要受灌浆速率影响。李绍长等人认为,籽粒的最大粒重主要由平均灌浆速率和有效灌浆时间决定,最大灌浆时间出现得越晚,灌浆速率呈上升趋势的时间越长,越有利于灌浆结实。研究发现,种植密度主要影响籽粒的灌浆快增期持续时间、灌浆有效期持续时间、灌浆快增期灌浆速率和灌浆缓增期灌浆速率,而对其平均灌浆速率影响较小。本章的研究结果表明,籽粒粒重形成呈S形曲线,随着种植密度的增大,不同类别品种粒重和灌浆速率的差异变大;灌浆趋势呈单峰曲线,当种植密度达到一定程度后,籽粒的灌浆速率会受种植密度的限制,种植密度对其灌浆过程的各指标均有显著的影响。不同类别品种间粒重的差异大,粒重存在差异主要是因为灌浆过程中灌浆

速率和灌浆时间不同,这与申丽霞等人的研究结果基本一致。本章的研究结果表明,两个地区第一季 L 类别品种在整个灌浆过程中的粒重、灌浆速率显著大于 M 类别品种和 H 类别品种,L 类别品种的粒重积累主要发生在灌浆渐增期和灌浆快增期,而 M 类别品种、H 类别品种的粒重积累主要发生在灌浆快增期和灌浆缓增期。第二季,黄淮海平原 H 类别品种在整个灌浆过程中的粒重、灌浆速率显著大于 M 类别品种和 L 类别品种;长江中游地区 H 类别品种在整个灌浆过程中的粒重、灌浆速率大于 M 类别品种。不同类别品种两季的 G_{mean} 和 W_{max} 随种植密度的增大而逐渐减小,与粒重变化趋势相似;其他参数(如 R_0、T_{max} 等)变化不显著,且与产量变化趋势不一致。可见,G_{mean} 和 W_{max} 的变化是粒重随种植密度变化的主要原因。

三、种植密度对不同搭配模式干物质积累与转运的影响

干物质积累是作物产量形成的基础,籽粒产量随干物质积累量的增大而上升,即干物质积累得越多,籽粒产量越高。可见,干物质积累量的大小是决定产量高低的重要指标。干物质积累量是限制玉米产量的主要因子,增加干物质积累量是获得高产的基本途径。研究表明,种植密度的增大可使单株的产量及干物质积累量随之减少,且在一定种植密度范围内,群体干物质积累量随种植密度的增大而增加;总干物质积累量、平均作物生长率与种植密度正相关,当超过一定的种植密度范围后,相关性不显著。本章的研究结果表明,在黄淮海平原和长江中游地区双季玉米体系中,第一季,3 类品种(L、M、H)在吐丝前和吐丝后的群体干物质积累量均随种植密度的增大而增加,均在 D_3 下达到最大。第二季,黄淮海平原 L 类别品种在吐丝前、后的群体干物质积累量随种植密度的增大先增加后减少,在 D_2 下达到最大;M 类别品种在吐丝前、后的群体干物质积累量随种植密度的增大而增加,在 D_3 下达到最大;H 类别品种在吐丝前、后群体干物质积累量随种植密度的增大而减少,在 D_1 下达到最大。长江中游地区 H 类别(LH、MH 搭配模式下)和 M 类别(MM 搭配模式下)吐丝前、后的干物质积累量均随种植密度的增大而增加,在 D_3 下达到最大;M 类别(HM 搭配模式下)吐丝前、后的干物质积累量随种植密度的增大而减少,在 D_1 下达到最大。

干物质的积累以及干物质向籽粒的转运直接影响玉米产量形成,而影响籽

粒灌浆物质形成的过程主要分为两部分:第一部分为授粉后同化物的积累,如光合作用产物(直接输送到籽粒中)和授粉后形成的暂时贮藏性干物质的再转移;第二部分为授粉前暂时贮藏于茎叶中、于灌浆期再转移到籽粒中的同化产物的转移。对于密植条件下易获得高产的品种而言,在开花后分配、转运到生殖器官中的干物质越多,生育后期的干物质积累越多,表明营养器官光合能力强,说明库容大。花后干物质积累量、干物质转运率与产量极显著相关。在合理的种植密度和行距配置下,玉米干物质积累总量和营养器官同化物转运量、转运率及其对籽粒的贡献率均较为合理,还可以显著增加生育后期干物质的积累量,提高干物质积累速率。本章的研究结果表明,不同生态区双季玉米体系中不同类别品种茎的干物质转运量、转运率及其对籽粒的贡献率显著大于叶,在不同类别品种间表现为 H > M > L,且在各种植密度下的差异均达到显著水平。从干物质的转移规律来看,这与宋凤斌和童淑媛的研究结果基本一致。茎、叶的干物质转运率及其对籽粒的贡献率在各种植密度下的表现也与干物质积累量的变化一致。可见,不同类别品种在两季不同的生态条件下对种植密度的反应不同,要达到高产量水平,必须采取措施使两季玉米的种植密度在合理的范围内。

第四节 小结

由种植密度对双季玉米生态适应性的调控效应可知,对于黄淮海平原和长江中游地区双季玉米高产高效模式(LH、HM 搭配模式),第一季品种可适当增大种植密度(9.75×10^4 株·ha^{-1}左右),第二季品种可适当减小种植密度(6.75×10^4株·ha^{-1}左右),使产量和干物质积累量最高。可见,两季合理的种植密度搭配可促进双季玉米周年产量的提高,实现周年产量和效率的同步提高。在适宜的种植密度下,与 MM、HL 搭配模式相比,黄淮海平原双季玉米高产高效搭配模式(LH)的周年产量分别提高 13%、28%;与 LH、MM、MH 搭配模式相比,长江中游地区双季玉米高产高效搭配模式(HM)的周年产量分别提高 47%、28%、30%。黄淮海平原主推的双季玉米高产高效搭配模式为 LH;长江中游地区主推的双季玉米高产高效搭配模式为 HM。

第六章　不同生态区双季玉米高产高效栽培技术体系集成

本书在明确黄淮海平原和长江中游地区资源优化配置的基础上，通过优化品种类别搭配、种植密度调控等栽培技术，集成了不同生态区双季玉米高产高效栽培技术体系，力求为应对气候条件的变化、保障我国粮食安全、提升黄淮海平原及长江中游地区玉米产量、提高资源利用效率、优化种植模式布局提供理论指导和技术支持。

第一节　黄淮海平原双季玉米高产高效栽培技术体系

一、自然条件

黄淮海平原属于暖温带大陆性季风气候区，包括北京、天津、山东全部，河北、河南大部，以及江苏、安徽北部。该地区≥10 ℃有效积温为4 000～4 900 ℃，年降水量为600～800 mm。应选择排灌方便、土层深厚、土壤肥力中等的地块。

二、品种的选择

选择高产、优质、高抗的玉米品种。第一季应选择所需有效积温为1 230～

1 345 ℃的玉米品种；第二季应选择所需有效积温为 1 365 ~ 1 430 ℃的玉米品种。

三、种子处理

（一）种子精选

选择饱满、均匀、无病虫粒、无破碎粒、无霉变的种子。播种前 3 ~ 5 d 选择无风晴天晒种 2 ~ 3 d，以提高发芽率。

（二）种子包衣

播种前选用经国家审定登记的玉米种衣剂进行包衣，防治玉米丝黑穗病、粗缩病、苗枯病、矮花叶病、地下害虫等。

四、整地

播种前耕地，可利用立式条带深松机对土壤进行条带深松，并进行精细耕地，使土质松软、细碎平整后再进行开沟播种。第一季玉米收获后，第二季玉米可利用玉米条旋粉茬精量播种机进行免耕错穴播种。

五、施肥

播种前整地施 N15P15K15 复合肥 450 ~ 600 $kg \cdot ha^{-1}$，机械直播或者机械覆膜播种，可以种肥同播，后期计划不追肥地块可施玉米缓释肥 750 $kg \cdot ha^{-1}$，需注意种肥间隔 10 ~ 15 cm，防止烧苗。可选用玉米专用缓控释肥料，其养分由化学物质转变成玉米可直接吸收、利用的有效形态，随着玉米的生长发育逐渐释放，从而满足玉米整个生育期对化学肥料的需求。

六、播种

(一)播期

第一季玉米应根据气象条件确定最早的播期,最佳播种时间为日均温稳定在8~10 ℃时,一般为3月20日~25日,需覆膜播种。第二季玉米在第一季玉米收获后立即播种,时间为7月10日~15日。

(二)播种方式

第一季玉米播种选用复合式玉米精量播种机,行距为40 cm+80 cm(宽窄行:指播种时行距一宽一窄的种植方式)覆膜播种,播种深度为2~3 cm,一次性完成播种、施肥和覆土等工作,覆膜前应喷施封闭草药,覆膜时薄膜要拉紧、拉平,四周用土封好。第二季玉米免耕:第一季玉米收获后进行秸秆粉碎处理,利用玉米条旋粉茬播种机进行免耕播种,一次性完成,行距为40 cm+80 cm,与第一季玉米错穴播种。

(三)播种密度

第一季玉米播种时可适当增大播种密度,每穴2~3粒种子,播种密度为9.75×10^4株·ha^{-1}左右;第二季玉米可适当减小播种密度,保持每穴2粒种子,播种密度为6.75×10^4株·ha^{-1}左右。

七、田间管理

(一)破膜放苗、查苗、补苗

第一季玉米出苗后及时破膜放苗、查苗。放苗后将破膜处用土封严,防止散温跑墒,同时防止杂草滋生。缺苗严重时应及时补种或移栽。第二季玉米出苗后应及时查苗,如有缺苗应及时补种或移栽。

(二)间苗、定苗

第一季玉米和第二季玉米应在两叶一心时间苗,每穴留双苗,在四片展开叶时定苗,每穴留一株。定苗时应去弱留强,第一季玉米定苗后及时封孔,有少量缺苗时就近留两株,不进行移栽补苗。

(三)病虫害综合防治

按照“预防为主,综合防治”的原则,优先采用农业防治、生物防治和物理防治,选用国家允许的农药和剂量进行病虫害综合防治。

1. 草害防除

化学除草:第一季玉米播种后,在覆膜前施用玉米专用除草剂均匀喷洒地面进行封闭,出苗后的轻微草害可以不进行防治;第二季玉米播种后施用玉米专用除草剂均匀喷洒地面进行封闭,苗期如遇严重草害,可选用玉米专用除草剂于行间喷洒除草。

2. 病害防治

第一季玉米苗期应注意防治苗枯病和茎腐病,花后应注意防治丝黑穗病和矮花叶病;第二季玉米应注意防治苗枯病和粗缩病等。

3. 虫害防治

第一季玉米出苗前和苗期应注意防治地老虎、蝼蛄等地下害虫,三叶至五叶期喷药防治蚜虫和飞虱,切断传播途径,大喇叭口期至孕穗期防治玉米螟;第二季玉米苗期防治黏虫和旋心虫,大喇叭口期防治玉米螟,花后阶段注意防治螟虫和蚜虫等。

(四)灌水

第一季玉米应在灌水后播种,根据天气情况和土壤墒情及时灌水;第二季玉米应根据土壤墒情及时灌水。

八、收获

第一季玉米一般在7月中旬左右收获，最佳收获期是玉米籽粒乳线消失、黑层出现时，应及时脱粒，晾晒至含水量小于14%后贮存；第二季玉米在籽粒灌浆完全停止后、黑层出现后再收获，晾晒至含水量小于14%后贮存。

九、秸秆处理

两季玉米果穗收获后，秸秆可用作牲畜的青贮饲料，或在整地翻耕时将秸秆粉碎还田，培肥地力。

第二节　长江中游地区双季玉米高产高效栽培技术体系

一、自然条件

长江中游地区属于亚热带季风气候区，指湖北省中南部地区，主要包括武汉、荆州、潜江、天门、仙桃、孝感等。该地区≥10 ℃有效积温为5 100～5 300 ℃，年降水量为1 100～1 300 mm，无霜期为240～260 d。应选择排灌方便、土层深厚、土壤肥力中等、土壤通气性良好的沙壤地块。

二、品种的选择

选择高产、优质、高抗的玉米品种。第一季应选择所需有效积温为1 450～1 520 ℃的品种；第二季应选择所需有效积温为1 350～1 450 ℃的品种。

三、种子处理

(一)种子精选

选择饱满、均匀、无病虫粒、无破碎粒、无霉变的种子。播种前 3 ~ 5 d 选择无风晴天晒种 2 ~ 3 d,以提高发芽率。

(二)种子包衣

播种前选用经国家审定登记的玉米种衣剂进行包衣,防治地下害虫、玉米丝黑穗病、矮花叶病等。

四、整地

入冬后用翻耕机进行深翻,疏松土壤,有利于杀死地下害虫并杀灭土壤有害病菌。3 月初用旋耕机将土地旋耕 18 cm 左右,使土壤疏松细碎。用铧犁式开沟器或人工开厢沟(厢面宽 100 cm 或 200 cm、厢沟宽 20 cm、厢沟深 30 cm),以利于排水防渍涝。第一季玉米收获后,第二季玉米可以免耕直播(错穴播种)也可整地后直播。如需整地,其方法与第一季玉米一致。

五、施肥

两季玉米均每亩施纯 N 14 ~ 16 kg、P_2O_5 8 ~ 10 kg、K_2O 10 ~ 12 kg。化学肥料选用玉米专用缓控释肥,于播种时一次性深施 20 cm 左右。若缓控释肥的 N、P、K 比例达不到肥力要求,则以纯 N 为标准,用 $C_aP_2H_4O_8$ 和 KCl 补足,以满足玉米的生长发育。

六、播种

(一)播期

根据气候条件确定最早的播期,最佳播种时间为日均温稳定在 8 ~ 10 ℃时,一般为 3 月 15 左右,第一季玉米需覆膜播种。第二季玉米在第一季玉米收获后立即播种,时间为 7 月 10 日~15 日。注意:若第一季玉米在 3 月份播种,则建议播种后覆膜的作用,能够可以起到保温保墒的作用,能够有效地降低春季多雨造成渍害的风险;若 4 月份播种,则不用覆膜。

(二)播种方式

第一季玉米播种选用复合式玉米精量播种机,40 cm + 80 cm 宽窄行覆膜播种,播种深度为 2 ~ 3 cm,一次性完成播种和覆土等工作,覆膜前应喷施封闭草药。若人工播种,则应在厢面上先开肥料沟,然后在肥料沟两侧开 2 ~ 3 cm 播种沟,人工点播后覆土。覆土后喷施封闭草药,人工覆膜(拉紧、拉平),四周用土封严,在厢面上每隔 0.8 ~ 1 mm 压土块,防止大风揭膜。

第二季玉米可选择以下 2 种播种方式:①免耕播种,即第一季玉米收获后,先将田间杂草清理干净,然后在 40 cm 行间开 15 ~ 20 cm 的肥料沟,施肥后进行错穴播种;②玉米翻耕,即第一季玉米收获后,先将地膜及田间杂草清理干净,然后用秸秆粉碎机将田间根茬粉碎,用旋耕机整地后立即直播。第二季的播种方式和施肥量与第一季玉米相同。

(三)播种密度

第一季玉米播种时可适当增大播种密度,每穴 2 ~ 3 粒种子,播种密度为 9.75×10^4株 · ha^{-1}左右;第二季玉米可适当减小播种密度,保持每穴 2 粒种子,播种密度为 6.75×10^4株 · ha^{-1}左右。

七、田间管理

（一）破膜放苗、查苗、补苗

第一季玉米出苗后及时破膜放苗、查苗。放苗后将破膜处用土封严，防止散温跑墒，同时防止杂草滋生。缺苗严重时应及时补种或移栽。第二季玉米出苗后应及时查苗，如有缺苗应及时补种或移栽。

（二）间苗、定苗

第一季玉米和第二季玉米应在两叶一心时间苗，每穴留双苗，在四片展开叶时定苗，每穴留一株。定苗时应去弱留强，第一季玉米定苗后及时封孔，有少量缺苗时就近留两株，不进行移栽补苗。

（三）病虫害综合防治

按照“预防为主，综合防治”的原则，优先采用农业防治、生物防治和物理防治，选用国家允许的农药和剂量进行病虫害综合防治。

1. 草害防除

化学除草：第一季玉米播种后，在覆膜前施用玉米专用除草剂均匀喷洒进行封闭，出苗后的轻微草害可以不进行防治，如遇严重草害，可人工除草；第二季玉米播种后施用玉米专用除草剂均匀喷洒地面进行封闭，苗期如遇严重草害，可选用玉米专用除草剂于行间喷洒除草。

2. 病害防治

第一季玉米苗期应注意防治根腐病和苗枯病；第二季玉米苗期应注意防治苗枯病和粗缩病。两季玉米的穗粒期要防治茎腐病和鞘腐病。

3. 虫害防治

第一季出苗前和苗期应注意防治地老虎、蝼蛄等地下害虫，三叶至五叶期喷药防治蓟马和玉米旋心虫，大喇叭口期至孕穗期防治玉米螟；第二季玉米苗期防治黏虫，大喇叭口期防治玉米螟，穗粒期注意防治玉米螟、蚜虫等。

（四）防涝抗旱

第一季玉米播种期和苗期容易因降雨引发渍害，应挖好厢沟，及时排水减缓渍害。第一季玉米开花灌浆期和第二季玉米苗期易遭受高温干旱，应及时灌水，控制好灌水量，保持厢面湿润。第二季玉米开花灌浆期易遭受秋雨产生渍害，应及时清理厢沟排水。

八、收获

第一季玉米一般在 7 月中旬左右收获，最佳收获期是玉米籽粒乳线消失、黑层出现时，应及时脱粒，晾晒至含水量小于 14% 后贮存；第二季玉米在籽粒灌浆完全停止后、黑层出现后再收获，晾晒至含水量小于 14% 后贮存。

九、秸秆处理

两季玉米果穗收获后，秸秆可用作牲畜的青贮饲料，或在整地翻耕时将秸秆粉碎还田，培肥地力。

参考文献

[1]鲍巨松,杨成书,薛吉全,等.水分胁迫对玉米生长发育及产量形成的影响[J].陕西农业科学,1990(3):7-9.

[2]蔡剑,姜东.气候变化对中国冬小麦生产的影响[J].农业环境科学学报,2011,30(9):1726-1733.

[3]蔡庆红.南方稻区双季玉米周年高产的播期与品种搭配效应研究[D].长沙:湖南农业大学,2013.

[4]曹胜彪,张吉旺,杨今胜,等.密度对高产夏玉米产量和氮素利用效率的影响[J].玉米科学,2012,20(5):106-110,120.

[5]陈国平.玉米的干物质生产与分配[J].玉米科学,1994,2(1):48-53.

[6]陈立军.南方稻田双季玉米栽培模式研究[D].长沙:湖南农业大学,2010.

[7]陈印军,尹昌斌.如何解决我国南方双季稻主产区早稻积压和饲料粮短缺的问题[J].科技导报,1999(8):48-51.

[8]陈印军,易小燕,方琳娜,等.中国耕地资源与粮食增产潜力分析[J].中国农业科学,2016,49(6):1117-1131.

[9]程式华.中国超级稻育种研究的创新与发展[J].沈阳农业大学学报,2007(5):647-651.

[10]戴俊英,顾慰连,沈秀瑛,等.玉米不同品种各生育时期干旱对生育及产量的影响[J].沈阳农业大学学报,1990(3):181-185.

[11]戴明宏,赵久然,杨国航,等.不同生态区和不同品种玉米的源库关系及碳氮代谢[J].中国农业科学,2011,44(8):1585-1595.

[12]丁一汇,任国玉,石广玉,等.气候变化国家评估报告(Ⅰ):中国气候变化

的历史和未来趋势. 气候变化研究进展,2006(1):3 -8,50.

[13]房世波,韩国军,张新时,等. 气候变化对农业生产的影响及其适应[J]. 气象科技进展,2011,1(2):15 -19.

[14]丰光,李妍妍,景希强,等. 玉米不同种植密度对主要农艺性状和产量的影响[J]. 玉米科学,2011,19(1):109 -111.

[15]冯明,刘可群,毛飞. 湖北省气候变化与主要农业气象灾害的响应[J]. 中国农业科学,2007,40(8):1646 -1653.

[16]付雪丽,张惠,贾继增,等. 冬小麦 - 夏玉米"双晚"种植模式的产量形成及资源效率研究[J]. 作物学报,2009,35(9):1708 -1714.

[17]葛均筑. 气象资源特性对玉米产量形成的影响及长江中游玉米高产关键技术研究[D]武汉:华中农业大学,2015.

[18]顾万荣,魏湜,孙继,等. 种植密度对两种株型玉米产量及籽粒品质的影响[J]. 东北农业大学学报,2013,44(7):64 -68.

[19]韩金玲,李彦生,杨晴,等. 不同种植密度下春玉米干物质积累、分配和转移规律研究[J]. 玉米科学,2008(5):115 -119.

[20]何奇瑾. 我国玉米种植分布与气候关系研究[D]. 南京:南京信息工程大学,2012.

[21]侯满平,郝晋珉,丁忠义,等. 黄淮海平原资源低耗生态农业模式研究[J]. 中国生态农业学报,2005(1):189 -194.

[22]侯美亭,毛任钊,吴素霞. 黄淮海平原不同生态类型区农业可持续发展策略研究[J]. 干旱地区农业研究,2006(3):156 -159.

[23]侯月,王鹏文. 玉米不同种植密度产量结构的差异研究[J]. 天津农学院学报,2014,21(3):25 -27.

[24]胡昌浩,潘子龙. 夏玉米同化产物积累与养分吸收分配规律的研究 Ⅰ. 干物质积累与可溶性糖和氨基酸的变化规律[J]. 中国农业科学,1982,15(1):56 -64.

[25]胡焕焕,刘丽平,李瑞奇,等. 播种期和密度对冬小麦品种河农 822 产量形成的影响[J]. 麦类作物学报,2008(3):490 -495,501.

[26]胡忠孝. 中国水稻生产形势分析[J]. 杂交水稻,2009,24(6):1 -7.

[27]黄国勤. 中国南方稻田耕作制度的演变和发展[J]. 中国稻米,1997,3(4):

3－8.

[28]黄国勤,周泉,陈阜,等.长江中游地区水稻生产可持续发展战略研究[J].农业现代化研究,2018,39(1):28－36.

[29]黄振喜.超高产夏玉米光合与养分生理特性研究[D].泰安:山东农业大学,2007.

[30]黄智鸿,王思远,包岩,等.超高产玉米品种干物质积累与分配特点的研究[J].玉米科学,2007,15(3):95－99.

[31]蒋飞,曾苏明,高园园.不同种植密度对玉米产量的影响[J].现代农业科技,2011(5):46－47.

[32]金京花,张强,金国光,等.中国水稻生产制约因素及发展建议[J].种子科技,2018,36(10):29,32.

[33]柯福来,马兴林,黄瑞冬,等.种植密度对先玉335群体子粒灌浆特征的影响[J].玉米科学,2011,19(2),58－62,66.

[34]雷恩.高产栽培条件下春玉米－晚稻种植模式产量及经济效益研究[D].长沙:湖南农业大学,2009.

[35]雷恩,李迪秦,郑华斌,等.稻田春秋玉米产量形成特点比较研究[J].世界科技研究与发展,2009,31(4):689－691,698.

[36]李进永,张大友,许建权,等.小麦赤霉病的发生规律及防治策略[J].上海农业科技,2008(4):113.

[37]李克南,杨晓光,刘志娟,等.全球气候变化对中国种植制度可能影响分析Ⅲ.中国北方地区气候资源变化特征及其对种植制度界限的可能影响[J].中国农业科学,2010,43(10):2088－2097.

[38]李立娟.黄淮海双季玉米关键栽培技术及产量性能和资源效率研究[D].保定:河北农业大学,2011.

[39]李立娟,王美云,薛庆林,等.黄淮海双季玉米产量性能与资源效率的研究[J].作物学报,2011,37(7):1229－1234.

[40]李立娟,王美云,赵明.品种对双季玉米早春季和晚夏季的适应性研究[J].作物学报,2011,37(9):1660－1665.

[41]李明学,周立清,田华林,等.武陵山区双季玉米生长特征及气候适应性分析[J].湖南农业科学,2018(10):39－43.

[42]李少昆,王崇桃.中国玉米生产技术的演变与发展[J].中国农业科学,2009,42(6):1941-1951.
[43]李绍长,白萍,吕新,等.不同生态区及播期对玉米籽粒灌浆的影响[J].作物学报,2003,29(5):775-778.
[44]李绍长,陆嘉惠,孟宝民,等.玉米子粒胚乳细胞增殖与库容充实的关系[J].玉米科学,2000,8(4):45-47.
[45]李淑娅.长江中游不同玉稻种植模式产量形成及资源利用效率比较研究[D].武汉:华中农业大学,2015.
[46]李彤霄.气候变化对河南省冬小麦生育影响的研究[D].郑州:河南农业大学,2009.
[47]李向东,汤永禄,隋鹏,等.四川盆地稻田保护性耕作制可持续性评价研究[J].作物学报,2007,33(6):942-949.
[48]李小勇.南方稻田春玉米-晚稻种植模式资源利用效率及生产力优势研究[D].长沙:湖南农业大学,2011.
[49]李小勇,唐启源,李迪秦,等.不同种植密度对超高产稻田春玉米产量性状及光合生理特性的影响[J].华北农学报,2011,26(5):174-180.
[50]李心豪.近60年武穴市气温和降水变化特征分析[J].安徽农业科学,2020,48(1):227-229.
[51]李玉玲,胡学安,靳永胜,等.爆裂与普通玉米杂交当代子粒灌浆特性的比较研究[J].玉米科学,1999,7(4):16-18,26.
[52]李祎君,王春乙.气候变化对我国农作物种植结构的影响[J].气候变化研究进展,2010,6(2):123-129.
[53]梁红梅.中国种植业优势区域及其耕地保护策略[D].杭州:浙江大学,2011.
[54]林而达,许吟隆,蒋金荷,等.气候变化国家评估报告(Ⅱ):气候变化的影响与适应[J].气候变化研究进展,2006(2):51-56.
[55]刘伟,吕鹏,苏凯,等.种植密度对夏玉米产量和源库特性的影响[J].应用生态学报,2010,21(7):1737-1743.
[56]刘霞,李宗新,王庆成,等.种植密度对不同粒型玉米品种子粒灌浆进程、产量及品质的影响[J].玉米科学,2007,15(6):75-78.

[57]刘月娥. 玉米对区域光、温、水资源变化的响应研究[D]. 北京:中国农业科学院,2013.

[58]刘祖贵,肖俊夫,孙景生,等. 土壤水分与覆盖对夏玉米生长及水分利用效率的影响[J]. 玉米科学,2012,20(3):86-91.

[59]柳芳. 四种栽培模式对粮食产量和经济效益的影响[J]. 农家参谋,2019(17):9.

[60]路海东,薛吉全,马国胜. 夏玉米不同群体的受光态势和光合特性研究[J]. 玉米科学,2008(4):100-104.

[61]罗克波. 气候变化对中国农业生产的影响探究[J]. 南方农业,2018,12(29):154,157.

[62]牟正国. 我国农作制度的新进展[J]. 耕作与栽培,1993(3):1-4.

[63]钱友山,文化. 北京郊区农作物及其品种与种植制度[J]. 北京农业科学,1994,12(6):28-33.

[64]秦大河,丁一汇,苏纪兰,等. 中国气候与环境演变评估(Ⅰ):中国气候与环境变化及未来趋势[J]. 气候变化研究进展,2005(1):4-9.

[65]任天志. 从粮饲需求结构演变看我国种植制度发展方向[J]. 沈阳农业大学学报,1998,29(1):12-16.

[66]申丽霞,王璞,张软斌. 施氮对不同种植密度下夏玉米产量及子粒灌浆的影响[J]. 植物营养与肥料学报,2005(3):314-319.

[67]石云素. 玉米种质资源描述规范和数据标准[M]. 北京:中国农业出版社,2006.

[68]史印山,王玉珍,池俊成,等. 河北平原气候变化对冬小麦产量的影响[J]. 中国生态农业学报,2008(6):1444-1447.

[69]史建国,崔海岩,赵斌,等. 花粒期光照对夏玉米产量和籽粒灌浆特性的影响[J]. 中国农业科学,2013,46(21):4427-4434.

[70]司文修. 双季玉米栽培技术[J]. 河南农业,1996(3):11.

[71]宋凤斌,童淑媛. 不同株型玉米的干物质积累、分配及转运特征[J]. 江苏农业学报,2010,26(4):700-705.

[72]宋振伟,齐华,张振平,等. 春玉米中单909农艺性状和产量对密植的响应及其在东北不同区域的差异[J]. 作物学报,2012,38(12):2267-2277.

[73]苏向阳,刘根强,张宏伟,等. 气象因子对叶县小麦吸浆虫发生的影响及防治对策[J]. 安徽农学通报,2009,15(12):192,240.

[74]孙智辉,王春乙. 气候变化对中国农业的影响[J]. 科技导报,2010,28(4):110 – 117.

[75]邰书静. 品种、氮肥和种植密度对玉米产量与品质的影响[D]. 咸阳:西北农林科技大学,2010.

[76]唐永金. 四川双季玉米栽培技术及效益分析[J]. 作物杂志,2004(3):28 – 30.

[77]王楚楚,高亚男,张家玲,等. 种植行距对春玉米干物质积累与分配的影响[J]. 玉米科学,2011,19(4):108 – 111.

[78]王飞,姚丽花,宋玉玲,等. 暖冬气候对新疆北疆冬小麦的影响[J]. 新疆农业科学,2003,40(3):166 – 169.

[79]王宏广. 中国粮食安全研究[M]. 北京:中国农业出版社,2005.

[80]王昆,蒋敏明,李云霞,等. 玉米高产群体建立的途径及关键技术[J]. 作物研究,2013,27(2):185 – 190.

[81]王昆. 南方稻田水稻 – 玉米不同搭配种植模式的产量与资源利用效率比较研究[D]. 长沙:湖南农业大学,2014.

[82]王兰君,邱殿玉. 双季玉米稳产高产高效益的研究[J]. 作物杂志,1990(2):21 – 23.

[83]王美云. 热量限制两熟区双季青贮玉米模式及其技术体系研究[D]. 北京:中国农业科学院,2006.

[84]王美云,任天志,赵明,等. 双季青贮玉米模式物质生产及资源利用效率研究[J]. 作物学报,2007,33(8):1316 – 1323.

[85]王美云,赵明,李连禄,等. 北京地区玉米双作超高产研究初报[J]. 中国农业科技导报,2000(3):47 – 48.

[86]王瑞峥. 基于遥感监测黄淮海地区冬小麦物候对气候变化的响应及其对产量的影响[D]. 南京:南京大学,2018.

[87]王树安,兰林旺. 小麦 – 夏玉米平播亩产吨粮的理论与实践:沧州吨粮田的技术特点[J]. 作物杂志,1990,6(4):17 – 18.

[88]王铁固,赵新亮,马娟,等. 种植密度对玉米产量及主要农艺性状的影

响[J]. 广东农业科学,2011(23):16-18.

[89]王同朝,卫丽,马超,等. 不同生态区夏玉米两类熟期品种子粒灌浆动态和产量分析[J]. 玉米科学,2010,18(3):84-89.

[90]王晓慧,张磊,刘双利,等. 不同熟期春玉米品种的籽粒灌浆特性[J]. 中国农业科学,2014,47(18):3557-3565.

[91]王秀萍,刘天学,李潮海,等. 遮光对不同株型玉米品种农艺性状和果穗发育的影响[J]. 江西农业学报,2010,22(1):5-7.

[92]武志杰,张海军,许广山,等. 玉米秸秆还田培肥土壤的效果[J]. 应用生态学报,2002,13(5):539-542.

[93]肖风劲,张海东,王春乙,等. 气候变化对我国农业的可能影响及适应性对策[J]. 自然灾害学报,2006,15(1):327-331.

[94]谢云,王晓岚,林燕. 近40年中国东部地区夏秋粮作物农业气候生产潜力时空变化[J]. 资源科学,2003(2):7-13.

[95]辛良杰,李秀彬. 近年来我国南方双季稻区复种的变化及其政策启示[J]. 自然资源学报,2009,24(1):58-65.

[96]徐少安,刘建. 江苏沿江稻田三熟种植方式生态经济效益研究[J]. 江苏农业学报,1998(1):15-21.

[97]徐田军,吕天放,赵久然,等. 玉米生产上3个主推品种光合特性、干物质积累转运及灌浆特性[J]. 作物学报,2018,44(3):414-422.

[98]薛吉全,张仁和,马国胜,等. 种植密度、氮肥和水分胁迫对玉米产量形成的影响[J]. 作物学报,2010,36(6):1022-1029.

[99]杨锦忠,赵延明,宋希云. 玉米产量对密度的敏感性研究[J]. 生物数学学报,2015,30(2):243-252.

[100]杨晓光,刘志娟,陈阜. 全球气候变暖对中国种植制度可能影响Ⅰ. 气候变暖对中国种植制度北界和粮食产量可能影响的分析[J]. 中国农业科学,2010(2):329-336.

[101]游艾青,陈亿毅,陈志军. 湖北省双季稻生产的现状及发展对策[J]. 湖北农业科学,2009,48(12):3190-3193.

[102]於俐,李克让,陶波,等. 植被地理分布对气候变化的适应性研究[J]. 地理科学进展,2010,29(11):1326-1332.

[103]佘海兵,王金顺,任向东,等.施肥和行距配置对糯玉米群体冠层内微环境及群体干物质积累量的影响[J].中国生态农业学报,2013,21(5):544-551.

[104]袁建华,颜伟,陈艳萍,等.南方丘陵生态区玉米生产现状及发展对策[J].玉米科学,2003(2):29-31.

[105]杨国虎,李新,王承莲,等.种植密度影响玉米产量及部分产量相关性状的研究[J].西北农业学报,2006,15(5):57-60,64.

[106]岳德荣.科技创新与玉米产业发展[J].玉米科学,2006,14(5):1-3,14.

[107]云雅如,方修琦,王丽岩,等.我国作物种植界线对气候变暖的适应性响应[J].作物杂志,2007(3):20-23.

[108]吴丹.双季玉米在河北平原适应性的系统研究[D].保定:河北农业大学,2014.

[109]展茗,赵明,刘永忠,等.湖北省玉米产需矛盾及提升玉米生产科技水平对策[J].湖北农业科学.2010,49(4):802-806.

[110]张伯平.改革开放以来我国稻田种植制度的变革[J].耕作与栽培,2002(4):4-6,55.

[111]张海艳,董树亭,高荣岐.不同类型玉米子粒灌浆特性分析[J].玉米科学,2007,15(3):67-71.

[112]张厚瑄.中国种植制度对全球气候变化响应的有关问题Ⅱ.我国种植制度对气候变化响应的主要问题[J].中国农业气象,2000,21(2):11-14.

[113]张吉旺,董树亭,王空军,等.大田遮荫对夏玉米光合特性的影响[J].作物学报,2007(2):216-222.

[114]张建平,赵艳霞,王春乙,等.气候变化对我国南方双季稻发育和产量的影响[J].气候变化研究进展,2005(4):151-156.

[115]张丽,张吉旺,樊昕,等.玉米籽粒比重与灌浆特性的关系[J].中国农业科学,2015,48(12):2327-2334.

[116]张明,宋振伟,陈涛,等.不同春玉米品种干物质生产和子粒灌浆对种植密度的响应[J].玉米科学,2015,23(3):57-65.

[117]张世煌,胡瑞法.加入WTO以后的玉米种业技术进步和制度创新[J].杂粮作物,2004(1):19-22.

[118]张永科,黄文浩,何仲阳,等.玉米密植栽培技术研究[J].西北农业学报,2004(4):98-103.

[119]刘铁宁,徐彩龙,谷利敏,等.高密度种植条件下去叶对不同株型夏玉米群体及单叶光合性能的调控[J].作物学报,2014,40(1):143-153.

[120]周平.全球气候变化对我国农业生产的可能影响与对策[J].云南农业大学学报,2001,16(1):1-4.

[121]赵秉强,张福锁,李增嘉,等.黄淮海农区集约种植制度的超高产特性研究[J].中国农业科学,2001(6):649-655.

[122]赵锦.气候变化背景下我国玉米产量潜力及提升空间研究[D].北京:中国农业大学,2015.

[123]赵锦,杨晓光,刘志娟,等.全球气候变暖对中国种植制度可能影响Ⅱ.南方地区气候要素变化特征及对种植制度界限可能影响[J].中国农业科学,2010,43(9):1860-1867.

[124]赵强基,郑建初,卞新民,等.中国南方稻区玉米-稻种植模式的建立和实践[J].江苏农业学报,1997,13(4):215-220.

[125]周宝元.黄淮海两熟制资源季节间优化配置及季节内高效利用技术体系研究[D].北京:中国农业大学,2015.

[126]周进宝,杨国航,孙世贤,等.黄淮海夏播玉米区玉米生产现状和发展趋势[J].作物杂志,2008(2):4-7.

[127]朱德峰,程式华,张玉屏,等.全球水稻生产现状与制约因素分析[J].中国农业科学,2010,43(3):474-479.

[128]邹应斌,李克勤,任泽民.作物高效生产的热点问题与关键技术[J].作物研究,2004(3):123-126.

[129]ADAMS R M. Global climate change and agriculture:an economic perspective[J]. American journal of agricultural economics,1989,71(5):1272-1279.

[130]ALBERTO M C R,QUILTY J R,BURESH R J,et al. Actual evapotranspiration and dual crop coefficients for dry-seeded rice and hybrid maize grown with overhead sprinkler irrigation[J]. Agricultural water management,2014,136:1-12.

[131]ALI M Y,WADDINGTON S R,TIMSINA J,et al. Maize-rice cropping

systems in Bangladesh: status and research needs[J]. Journal of agricultural science and technology,2009,3(6):35 -53.

[132]ALISHAH O, AHMADIKHAH A. The effects of drought stress on improved cotton varieties in golesatn province of iran[J]. International journal of plant production,2009,3(1):1735 -6814.

[133]ALLISON J C S,DAYNARD T B. Effect of change in time of flowering, induced by altering photoperiod or temperature, on attributes related to yield in maize[J]. Crop science,1979,19(1):1 -4.

[134]ALMARAZ J J,MABOOD F,ZHOU X M,et al. Climate change,weather variability and corn yield at a higher latitude locale: southwestern quebec[J]. Climatic change,2008,88(2):187 -197.

[135]AMANULLAH,KHATTAK R A,KHALIL S K. Plant density and nitrogen effects on maize phenology and grain yield[J]. Journal of plant nutrition,2009,32(2):246 -260.

[136]ASARE D K, FRIMPONG J O, AYEH E O, et al. Water use efficiencies of maize cultivars grown under rain - fed conditions[J]. Agricultural sciences, 2011(2):125 -130.

[137]ASSEFA Y,CARTER P,HINDS M,et al. Analysis of long term study indicates both agronomic optimal plant density and increase maize yield per plant contributed to yield gain[J]. Scientific reports,2018,8(1):4937.

[138]BERGAMASCHI H,WHEELER T R,CHALLINOR A J,et al. Maize yield and rainfall on different spatial and temporal scales in Southern Brazil[J]. Pesquisa agropecuária brasileira. 2007,42(5):603 -613.

[139]BOOTE K J,LOOMIS R S. The prediction of canopy assimilation[M]. Madison:Crop science society of America,Inc. 1991:109 -140.

[140]BORRÁS L,WESTGATE M E. Predicting maize kernel sink capacity early in development[J]. Field crops research,2005,95(2):223 -233.

[141]BORRÁS L, ZINSELMEIER C, SENIOR M L, et al. Characterization of grain - filling patterns in diverse maize germplasm[J]. Crop science,2009,49(3):999 -1009.

[142] BORRÁS L, GAMBÍN B L. Trait dissection of maize kernel weight: towards integrating hierarchical scales using a plant growth approach[J]. Field crops research, 2010, 118(1): 1 – 12.

[143] BROWN R A, ROSENBERG N J. Sensitivity of crop yield and water use to change in a range of climate factors and CO_2 concentrations: a simulation study applying EPIC to the central USA[J]. Agricultural and forest meteorology, 1997, 83(3): 171 – 203.

[144] BUTLER E E, HUYBERS P. Adaptation of US maize to temperature variations [J]. Nature climate change, 2013, 3(1): 68 – 72.

[145] CAI J, JIANG D. The effect of climate change on winter wheat production in China[J]. Journal of agro – environment science, 2011, 30(9): 1726 – 1733.

[146] CAIRNS J E, SONDER K, ZAIDI P H, et al. Maize production in a changing climate: impacts, adaptation, and mitigation strategies[J]. Applied and environmental microbiology, 2012, 79(1): 5167 – 5178.

[147] CHEN J Y, TANG C Y, SHEN Y J, et al. Use of water balance calculation and tritium to examine the dropdown of groundwater table in the piedmont of the North China Plain (NCP) [J]. Environmental geology, 2003, 44 (5): 564 – 571.

[148] CHEN C, BAETHGEN W E, ROBERTSON A. Contributions of individual variation in temperature, solar radiation and precipitation to crop yield in the North China Plain, 1961 – 2003[J]. Climatic change, 2013, 116(3 – 4): 767 – 788.

[149] CHEN C Q, LEI C X, DENG A X, et al. Will higher minimum temperatures increase corn production in Northeast China? An analysis of historical data over 1965 – 2008[J]. Agricultural and forest meteorology, 2011, 151 (12): 1580 – 1588.

[150] CHEN K, KUMUDINI S V, TOLLENAAR M, et al. Plant biomass and nitrogen partitioning changes between silking and maturity in newer versus older maize hybrids[J]. Field crops research, 2015, 183: 315 – 328.

[151] COSSANI C M, REYNOLDS M P. Heat stress adaptation in elite lines derived from synthetic hexaploid wheat[J]. Crop science, 2015, 55(6): 2719 – 2735.

[152]COX W J. Whole - plant physiological and yield responses of maize to plant density[J]. Agronomy journal,1996,88(3):489 -496.

[153]CIRILO A G,ANDRADE F H. Sowing date and kernel weight in maize[J]. Crop Science,1996. 36(2):325 -331.

[154]DEAN R,VAN KAN J A,PRETORIUS Z A,et al. The top 10 fungal pathogens in molecular plant pathology[J]. Molecular plant pathology,2012,13(4):414 -430.

[155]DEMOTES - MAINARD S,JEUFFROY M H. Effects of nitrogen and radiation on dry matter and nitrogen accumulation in the spike of winter wheat[J]. Field crops research,2004,87(2 -3):221 -233.

[156]DING L,WANG K J,JIANG G M,et al. Post - anthesis changes in photosynthetic traits of maize hybrids released in different years[J]. Field crops research,2005,93(1):108 -115.

[157]DONG J W,LIU J Y,TAO F L,et al. Spatio - temporal changes in annual accumulated temperature in China and the effects on cropping systems,1980s to 2000[J]. Climate research,2009,40(1):37 -48.

[158]DRAGIČEVIĆ V D, ŠAPONJIĆ B V, TERZIĆ D R, et al. Environmental conditions and crop density as the limiting factors of forage maize production[J]. Journal of agricultural sciences,2016,61(1):11 -18.

[159]ECHARTE L,LUQUE S,ANDRADE F H,et al. Response of maize kernel number to plant density in Argentinean hybrids released between 1965 and 1993[J]. Field crops research,2000,68(1):1 -8.

[160]FOSTER S,GARDUNO H,EVANS R,et al. Quaternary aquifer of the North China Plain—assessing and achieving groundwater resource sustainability[J]. Hydrogeology journal,2004,12(1):81 -93.

[161]FRANCESCANGELI N,SANGIACOMO M A,MARTÍ H. Effects of plant density in broccoli on yield and radiation use efficiency[J]. Scientia horticulturae,2006,110(2):135 -143.

[162]FUHRER J,GREGORY P. Climate change impact and adaptation in agricultural systems[M]. Cambridge:CABI publishing,2014.

[163] GAMBÍN B L, BORRÁS L, OTEGUI M E. Kernel weight dependence upon plant growth at different grain – filling stages in maize and sorghum[J]. Australian journal of agricultural research, 2008, 59(3): 280 – 290.

[164] GAO Y, DUAN A W, SUN J S, et al. Crop coefficient and water – use efficiency of winter wheat/spring maize strip intercropping[J]. Field crops research, 2009, 111(1 – 2): 65 – 73.

[165] HEGYI Z, SPITKÓ T, SZÖKE C, et al. Studies on the adaptability of maize hybrids under various ecological conditions[J]. Cereal research communications, 2005, 33(4): 689 – 696.

[166] HOU P, GAO Q, XIE R Z, et al. Grain yields in relation to N requirement: optimizing nitrogen management for spring maize grown in China[J]. Field crops research, 2012, 129: 1 – 6.

[167] HUNT L A, VAN DER POORTEN G, PARARAJASINGHAM G. Postanthesis temperature effects on duration and rate rate of grain filling in some winter wheat and spring wheat[J]. Canadian journal of plant science, 1991, 71(3): 609 – 617.

[168] HUNTER R B, TOLLENAAR M, BREUER C M. Effects of photoperiod and temperature on vegetative and reproductive growth of a maize (*Zea mays*) hybrid[J]. Canadian journal of plant science, 1977, 57(4): 1127 – 1133.

[169] IPCC. Climate change 2007: the physical science basis: contribution of working group i to the fourth assessment report of the intergovernmental panel on climate change[M]. Cambridge: Cambridge University Press, 2007.

[170] IPCC. Food security and food production systems[M]. Cambridge: Cambridge University Press, 2014.

[171] JACOBSEN S E, JENSEN C R, LIU F. Improving crop production in the arid Mediterranean climate[J]. Field crops research, 2012, 128: 34 – 47.

[172] JIA Q M, SUN L F, MOU H Y, et al. Effects of planting patterns and sowing densities on grain – filling, radiation use efficiency and yield of maize (*Zea mays* L.) in semi – arid regions[J]. Agricultural water management, 2017, 201: 287 – 298.

[173]JOHNSON D R,TANNER J W. Calculation of the rate and duration of grain filling in corn (*Zea mays* L.)1[J]. Crop Science,1972,12(4):51.

[174]JONES J W,ZUR B,BENNETT J M. Interactive effects of water and nitrogen stresses on carbon and water vapor exchange of corn canopies[J]. Agricultural and forest meteorology,1986,38(1):113 – 126.

[175]KARLEN D L,SADLER E J,CAMP C R. Dry matter,nitrogen,phosphorus,and potassium accumulation rates by corn on Norfolk loamy sand[J]. Agronomy journal,1987,79(4):649 – 656.

[176]KENDY E,ZHANG Y Q,LIU C M,et al. Groundwater recharge from irrigated cropland in the North China Plain: case study of Luancheng County, Hebei Province, 1949 – 2000 [J]. Hydrological processes, 2004, 18 (12): 2289 – 2302.

[177]LEE F A,TOLLENAAR M. Physiological basis of successful breeding strategies for maize grain yield[J]. Crop science,2007,47(3):202 – 215.

[178]LI H M,INANAGA S,LI Z H,et al. Optimizing irrigation scheduling for winter wheat in the North China Plain[J]. Agricultural water management,2005,76(1):8 – 23.

[179]LI J, XIE R Z, WANG K R, et al. Variations in maize dry matter, harvest index,and grain yield with plant density[J]. Agronomy journal,2015,107(3):829 – 834.

[180]LIU L L, WANG E L, ZHU Y, et al. Effects of warming and autonomous breeding on the phenological development and grain yield of double – rice systems in China[J]. Agriculture, ecosystems & environment, 2013, 165: 28 – 38.

[181]LIU Y E, HOU P, XIE R Z, et al. Spatial adaptabilities of spring maize to variation of climatic conditions[J]. Crop science,2013,53(4):1693 – 1703.

[182]LIU Y E,XIE R Z,HOU P,et al. Phenological responses of maize to changes in environment when grown at different latitudes in China[J]. Field crops research,2013,144:192 – 199.

[183]LIU Y, WANG E L, YANG X G, et al. Contributions of climatic and crop

varietal changes to crop production in the North China Plain, since 1980s[J]. Global change biology, 2010, 16(8): 2287 - 2299.

[184] LOBELL B D, ASNER G P. Climate and management contributions to recent trends in U. S. agricultural yields[J]. Science, 2003, 299(5609): 1032.

[185] LOBELL D B, ORTIZ - MONASTERIO J I, FALCON W P. Yield uncertainty at the field scale evaluated with multi - year satellite data[J]. Agricultural systems, 2007, 92(1): 76 - 90.

[186] MANDIĆ V, BIJELIĆ Z, KRNJAJA V, et al. The effect of crop density on maize grain yield[J]. Biotechnology in animal husbandry, 2016, 32(1): 83 - 90.

[187] MARÁ E, OTEGUI R A, RUIZ D P. Modeling hybrid and sowing date effects on potential grain yield of maize in a humid temperate region[J]. Field crops research, 1996, 47(2): 167 - 174.

[188] MARTÍNEZ R D, CIRILO A G, CERRUDO A A, et al. Discriminating post - silking environmental effects on starch composition in maize kernels[J]. Journal of cereal science, 2019, 87(2): 150 - 156.

[189] MATSUI T, OMASA K, HORIE T. The difference in sterility due to high temperatures during the flowering period among Japonica - rice varieties[J]. Plant production science, 2001, 4(2): 90 - 93.

[190] MEGYES A, DOBOS A, RÁTONYI T, et al. Effect of fertilization and plant density on the dry matter production of two maize (*Zea mays* L.) hybrids [J]. Cereal research communications, 1999, 27(4): 433 - 438.

[191] MENG Q F, SUN Q P, CHEN X P, et al. Alternative cropping systems for sustainable water and nitrogen use in the North China Plain[J]. Agriculture, ecosystems & environment, 2012, 146(1): 93 - 102.

[192] MENG Q F, WANG H F, YAN P, et al. Designing a new cropping system for high productivity and sustainable water usage under climate change[J]. Scientific reports, 2017, 7(1): 41587.

[193] NING P, LI S, YU P, et al. Post - silking accumulation and partitioning of dry matter, nitrogen, phosphorus and potassium in maize varieties differing in leaf longevity[J]. Field crops research, 2013, 144: 19 - 27.

[194]OLESEN J E,TRNKA M,KERSEBAUM K C,et al. Impacts and adaptation of European crop production systems to climate change[J]. European journal of agronomy,2011,34(2):96 - 112.

[195]PENG S B,HUANG J L,SHEEHY J E,et al. Rice yields decline with higher night temperature from global warming[J]. Proceedings of the national academy of sciences of the United States of America,2004,101(27):9971 - 9975.

[196]PONELEIT C G,EGLI D B. Kernel growth rate and duration in maize as affected by plant density and genotype [J]. Crop science, 1979, 19 (3): 385 - 388.

[197]RÁCZ F,KÁSA S,HADI G. Daily changes in the water content of early and late maturing grain maize varieties in the later stages of over - ripening[J]. Cereal research communications,2008,36(4):583 - 589.

[198]EDREIRA J I R, CARPICI E B, SAMMARRO D, et al. Heat stress effects around flowering on kernel set of temperate and tropical maize hybrids[J]. Field crops research,2011,123(2):62 - 73.

[199]RAY D K,GERBER J S,MACDONALD G K,et al. Climate variation explains a third of global cropyield variability [J]. Nature communications, 2015, 6:5989.

[200]HANWAY J J. How a corn plant develops [M]. Ames: Iowa State University,1982.

[201]SALA R G, WESTGATE M E, ANDRADE F H. Source/sink ratio and the relationship between maximum water content, maximum volume, and final dry weight of maize kernels[J]. Field crops research,2007,101(1):19 - 25.

[202]SAIDOU A,JANSSEN B H,TEMMINGHOFF J M E. Effects of soil properties, mulch and NPK fertili zer on maize yield sand nutrient budgets on ferralitic soils in southern Benin[J]. Agriculture ecosystems & environment,2003,100(2):265 - 273.

[203]SHI P H,ZHU Y,TANG L,et al. Differential effects of temperature and duration of heat stress during anthesis and grain filling stages in rice[J]. Environmental and experimental botany,2016,132:28 - 41.

[204] SUN H Y, ZHANG X Y, CHEN S Y, et al. Effects of harvest and sowing time on the performance of the rotation of winter wheat – summer maize in the North China Plain[J]. Industrial crops and products, 2007, 25(3): 239 – 247.

[205] SUN X F, DING Z S, WANG X B, et al. Subsoiling practices change root distribution and increase post – anthesis dry matter accumulation and yield in summer maize[J]. PloS one, 2017, 12(4): 1 – 18.

[206] SUN W, HUANG Y. Global warming over the period 1961 – 2008 did not increase high – temperature stress but did reduce low – temperature stress in irrigated rice across China[J]. Agricultural and forest meteorology, 2011, 151(9): 1193 – 1201.

[207] TAO F L, YOKOZAWA M, XU Y L, et al. Climate changes and trends in phenology and yields of field crops in China, 1981 – 2000[J]. Agricultural and forest meteorology, 2006, 138(1): 82 – 92.

[208] TOKATLIDIS I S, KOUTROUBAS S D. A review of maize hybrids' dependence on high plant populations and its implications for crop yield stability[J]. Field crops research, 2004, 88(2): 103 – 114.

[209] TOLLENAAR M. Duration of the grain – filling period in maize is not affected by photoperiod and incident PPFD during the vegetative phase[J]. Field crops research, 1999, 62(1): 15 – 21.

[210] TOLLENAAR M, BRUULSEMA T W. Efficiency of maize dry matter production during periods of complete leaf area expansion[J]. Agronomy journal, 1988, 80(4): 580 – 585.

[211] TOLLENAAR M, DAYNARD T B. Effect of source – sink ratio on dry matter accumulation and leaf senescence of maize[J]. Canadian journal of plant science, 1987, 62(4): 855 – 860.

[212] TOLLENAAR M, LEE E A. Yield potential, yield stability and stress tolerance in maize[J]. Field crops research, 2002, 75(2): 161 – 169.

[213] TOLLENAAR M, LEE E A. Dissection of physiological processes underlying grain yield in maize by examining genetic improvement and heterosis[J]. Maydica, 2006, 51(2): 399 – 408.

[214]TRACHSEL S, VICENTE F M S, SUAREZ E A, et al. Effects of planting density and nitrogen fertilization level on grain yield and harvest index in seven modern tropical maize hybrids (*Zea mays* L.)[J]. The journal of agricultural science, 2016, 154(4):689 – 704.

[215]VALENTINUZ O R, TOLLENAAR M. Vertical profile of leaf senescence during the grain – filling period in older and newer maize hybrids[J]. Crop science, 2004, 44(3):827 – 834.

[216]WANG G L, KANG M S, MORENO O. Genetic analyses of grain – filling rate and duration in maize[J]. Field crops research, 1999, 61(3):211 – 222.

[217]WANG J, WANG E L, YANG X G, et al. Increased yield potential of wheat – maize cropping system in the North China Plain by climate change adaptation [J]. Climatic change, 2012, 113(3):825 – 840.

[218]WANG X H, CIAIS P, LI L, et al. Management outweighs climate change on affecting length of rice growing period for early rice and single rice in China during 1991 – 2012 [J]. Agricultural and forest meteorology, 2017, 233: 1 – 11.

[219]Warrington I J, Kanemasu E T. Corn growth response to temperature and photoperiod Ⅰ. Seedling emergence, tassel initiation, and anthesis 1[J]. Agronomy journal, 1983, 75(5):749 – 754.

[220]WHEELER T R, HONG T D, EILLIS R H, et al. The duration and rate of grain growth, and harvest index, of wheat (*Triticum aestivum* L.) in response to temperature and CO_2 [J]. Journal of experimental botany, 1996, 47(5): 623 – 630.

[221]YAN M H, LIU X T, ZHANG W, et al. Spatio – temporal changes of ≥10℃ accumulated temperature in northeastern China since 1961[J]. Chinese geographical science. 2011, 21(1):17 – 26.

[222]YAN P, PAN J X, ZHANG W J, et al. A high plant density reduces the ability of maize to use soil nitrogen[J]. PLoS one, 2017, 12(2):1 – 12.

[223]YING J, LEE E A, TOLLENAAR M. Response of maize leaf photosynthesis to low temperature during the grain – filling period[J]. Field crops research,

2000,68(2):87 -96.

[224]ZHANG T Y, HUANG Y, YANG X G. Climate warming over the past three decades has shortened rice growth duration in China and cultivar shifts have further accelerated the process for late rice[J]. Global change biology, 2013, 19(2):563 -570.

[225]ZHAO H F, FU Y S, WANG X H, et al. Timing of rice maturity in China is affected more by transplanting date than by climate change[J]. Agricultural & forest meteorology, 2016, 216:215 -220.

[226]ZHOU B Y, YUE Y, SUN X F, et al. Maize grain yield and dry matter production responses to variations in weather conditions [J]. Agronomy journal, 2016, 108(1):196 -204.